FYRSTU MISTÖK EINSTEINS

Tímabil

Evgeni Bantutov

ЕДБ

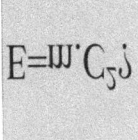

Copyright © 2022 Evgeni Bantutov

All rights reserved

The characters and events portrayed in this book are fictitious. Any similarity to real persons, living or dead, is coincidental and not intended by the author.

No part of this book may be reproduced, or stored in a retrieval system, or transmitted in any form or by any means, electronic, mechanical, photocopying, recording, or otherwise, without express written permission of the publisher.

Cover design by:ЕДБ

CONTENTS

Title Page
Copyright
1. Formáli — 1
2. Inngangur — 2
3. Lýsing á vandamálinu — 3
4. Lausn á vandamálinu — 54
5. Greining 02.02.2022. — 59
6 Greining 22022022 — 64
7. Skilgreining umhverfi — 66
8. Skýringar á skilgreiningu umhverfi. — 67
9. Niðurstaða — 72

1. FORMÁLI

Þessi bók ber titilinn Fyrstu mistök Einsteins. Hún er hönnuð sem önnur útgáfa og aukin útgáfa af bókinni „Mistök Einsteins". Verulegum hlutum megintextans hefur verið breytt og þremur nýjum köflum bætt við.

2. INNGANGUR

Sérstök afstæðiskenningin var búin til af Albert Einstein. Það er kenning um tíma, rúm og hreyfingu.

Þegar Einstein skapaði sérstaka afstæðiskenninguna notaði Einstein klukkur sem mæla tíma.

Þessar klukkur verða að keyra samstillt. Til þess að þau geti unnið samstillt þarf að samstilla þau fyrirfram. Samstilling klukka er alltaf gerð með aðferð til að sannreyna samstillingu klukka.

Aðferðin sem Albert Einstein notaði er ómöguleg. Þegar aðferð Alberts Einsteins er ómöguleg, þá er sérstök afstæðiskenning líka ómöguleg.

Þetta er það sem við munum sýna í þessari bók.

Það eru margar fígúrur í bókinni. Með myndunum er auðvelt að sýna og útskýra aðferð Alberts Einsteins til að athuga samstillta virkni klukka .

Þegar það eru tölur skilja lesendur sem ekki hafa sérmenntun í eðlisfræði strax hver mistök Alberts Einsteins voru.

Bókin er vísvitandi gerð, fyrir fólk sem er ekki sérfræðingur í eðlisfræði, en hefur gaman af að hugsa, greina og leita svara við áhugaverðum eðlisfræðilegum spurningum og náttúruleyndardómum.

3. LÝSING Á VANDAMÁLINU

Árið 1905 birtist greinin „ Zur elek $_t$ rodynamik flutningsmaður Kö rper" Annalen _ der Physik 1905 17, 891-921).

Höfundurinn er mjög ungur og heitir Albert Einstein. Eftir þessa grein varð hann heimsfrægur vísindamaður.

Greinin samanstendur af inngangi, tveimur hlutum og tíu málsgreinum. Það mikilvægasta er sagt á fyrstu þremur síðum greinarinnar. Á þessum fáu síðum eru sýndar þær hugmyndir sem liggja til grundvallar hinni sérstöku afstæðiskenningu. Þessar hugmyndir sæta alvarlegri gagnrýni og hægt er að mótmæla þeim.

Helsta mótmælin eru á móti aðferð Alberts Einsteins við að samstilla klukkur.

Hér er það sem Einstein segir:

Ef klukka er staðsett á stað í geimnum, þá getur áhorfandinn sem staðsettur er á A ákvarðað tíma atburða beint kl A. Með því að biðja um tilviljun þess að samtímis þessum atburðum sé staðsetning vísanna á klukkunni. Ef á öðrum stað B í geimnum er líka klukka, - við getum bætt við, "klukka með nákvæmlega sama tæki og sú sem er staðsett í A, - þá er samt hægt að ákvarða tíma atburða í næsta nágrenni, **frá einn staðsettur í B áhorfandanum.**

Án viðbótarforsendna er hins vegar ekki hægt að bera saman í tíma, atburð í A, við atburð í B; hingað til höfum við

skilgreint „tími A" og „tími B", en ekki hið almenna, fyrir A og B „tími".

Við getum gert hið síðarnefnda með því að gera ráð fyrir samkvæmt skilgreiningu að tíminn sem það tekur ljós að ná frá A til B sé jafn tíminn sem það tekur að ná frá B til A. Látum það vera nákvæmlega á augabragði t_A miðað við tíma A, ljósgeisli er beint frá A til B, á augnabliki t_B miðað við tíma B, hann endurkastast frá B til A, og á augnabliki t'_A miðað við "tíma A" snýr hann aftur til A. Samkvæmt skilgreiningu eru tvær klukkur samstilltar ef:

$$t_B - t_A = t'_A - t_B$$

Þetta er textinn þar sem Albert Einstein sýnir aðferð sína við að samstilla tvær klukkur og sannar að þessar tvær klukkur virka samstillt. Aðferð Einsteins er auðvelt að útskýra og skilja með því að nota tölulegt dæmi.

Til dæmis sendir áhorfandi A ljóspúls klukkan átta á morgnana. Klukkan átta er augnablik í tíma t_A.

$t_A = 8$

Ef klukkurnar tvær eru samstilltar ætti klukka áhorfandans B einnig að vera klukkan átta.

Upphaf ljóspúlsins kemur á punkt B, og þá sýnir klukka athuganda sem staðsett er á punkti B, klukkan tíu. Klukkan tíu er stund t_B

$t_B = 10$

Ef klukkurnar tvær eru samstilltar ætti klukka áhorfandans A einnig að vera klukkan tíu.

Geislinn endurkastast frá punkti B og snýr aftur til áhorfanda A klukkan tólf. Klukkan tólf er stund t'_A.

$t'_A = 12$

Ef klukkurnar tvær eru samstilltar ætti klukkan á punktinum B einnig að sýna klukkan tólf.

Ljóspúlsinn fer vegalengdina frá A til B á tveimur

klukkustundum og ferðast í öfuga fjarlægð, frá B til A, aftur á tveimur klukkustundum.

Samkvæmt skilgreiningu Einsteins eru tvær klukkur samstilltar ef:

$$t_B - t_A = t'_A - t_B$$

Í formúlu Einsteins skiptum við út augnablikum tímans fyrir tölugildi þeirra og fáum orðatiltækið:

10-8=12-10

Það fæst:

2=2.

Jafnrétti er satt, þess vegna eru klukkurnar samstilltar. Allt er mjög einfalt og lesandinn er sannfærður um að allar athugasemdir séu óþarfar.

Því miður er þetta ekki satt.

Nú munum ég og þú, lesandi góður, greina vandlega aðferð Alberts Einsteins.

Albert Einstein segir eftirfarandi:

Látum það vera nákvæmlega á augnabliki t_A miðað við "tíma A" sem ljósgeisli beinist frá A til B, á augnabliki t_B miðað við "tíma B", endurkastast hann frá B til A, og á augnabliki t'_A miðað við "tíma A" snýr hann aftur til A.

Af því sem sagt hefur verið leiðir að þegar geislinn kemur að punkti B verður hann að endurkastast frá punkti B og byrja að hreyfast í gagnstæða átt til að benda A. Albert Einstein útskýrði ekki hvernig ljósgeisli endurkastast. Einstein sýndi ekki ákveðna leið þar sem ljósið myndi endurkastast og byrja að hreyfast frá punkti B til punkts A.

Við vitum öll að auðveldasta leiðin til að endurkasta ljósi er í gegnum spegil.

Til dæmis, í grein G. B. Malinin („Um möguleika á tilraunaprófun á annarri postulate sérstakrar afstæðiskenningar"

Uspekhi fiziziknih Nauk, 2004, bindi 174.) er skrifað að endurvarp ljóss sé framkvæmt af a spegil.

Þess vegna ákveðum við líka að nota spegil. Í þessu skyni setjum við spegil á punkt B. Endurkastandi yfirborð spegilsins beinist að punktinum A.

Til að gera það alveg skýrt, sjá mynd 1.

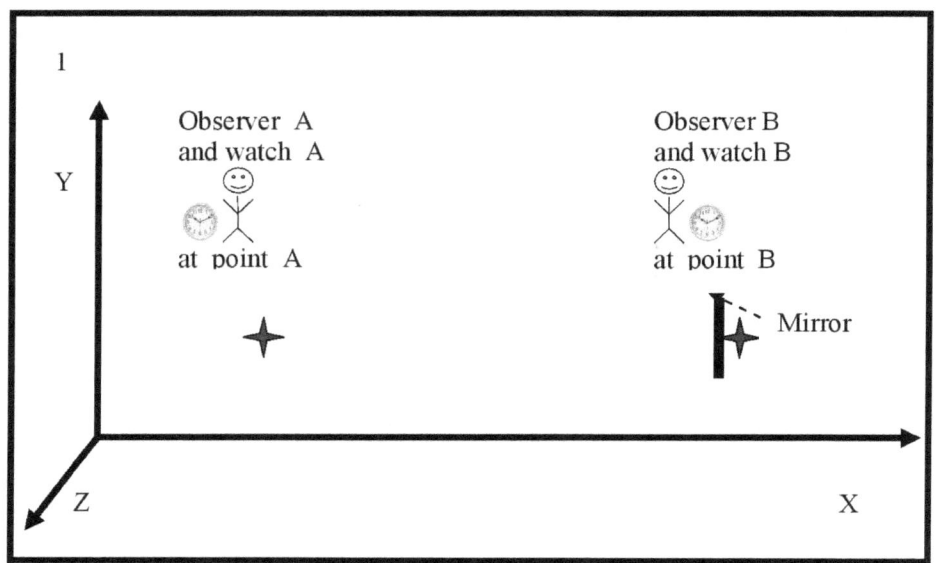

Mynd 1 sýnir:
Hnitkerfi XYZ.

Staður A þar sem áhorfandi A sem er með úr er staðsettur A.

Staður B þar sem áhorfandi B sem er með úr er staðsettur B. Spegill er settur fyrir framan punktinn B sem getur endurspeglað ljósgeisla.

Punktur A og punktur B eru merktir með tákninu " ✛ ".

Klukkurnar á punkti A og punkti B eru eins. Þegar klukkurnar eru eins er gert ráð fyrir að þær mæli sama tíma.

Áhorfandi A veit ekki hvernig vísar klukku áhorfanda hreyfast B.

Aftur á móti veit áhorfandi B ekki hvernig vísar klukku áhorfanda hreyfast A. Klukkurnar verða að vera samstilltar.

Albert Einstein lagði til að samstilla hreyfingu handa klukkanna tveggja með því að nota ljósgeisla. Aðferð Alberts Einsteins segir að áhorfandi A sendi ljósgeisla til áhorfanda B. Hægt er að nota laser.

Sjá mynd 2.

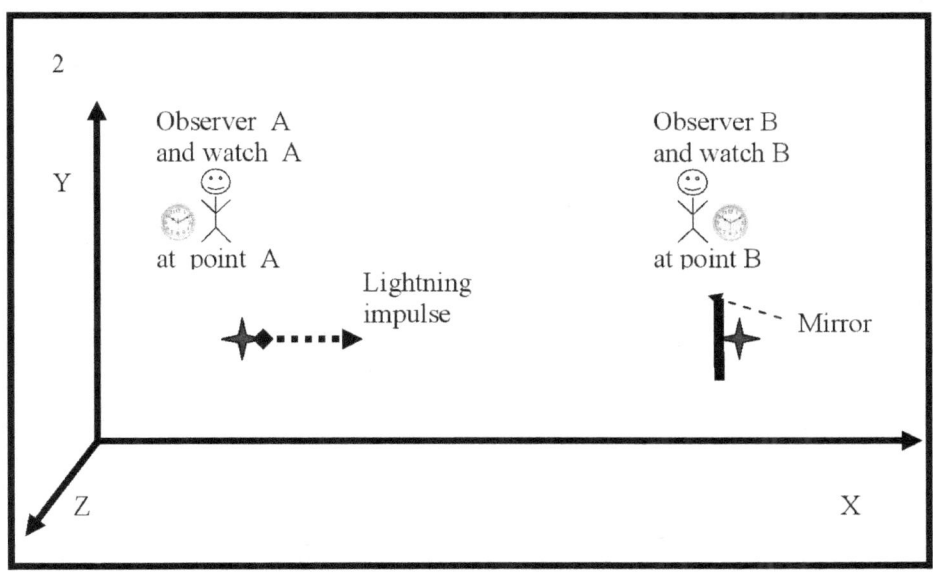

Mynd 2 sýnir leysiljóspúls.

Ljóspúls á sér upphaf og endi. Útlit upphafs ljóspúlsins er atburður sem gerist á augnabliki í tíma t_A. Áhorfandinn A ákvarðar stundina t_A með úrinu sínu, sem er staðsett í næsta nágrenni við punkt A. Áhorfandinn á ákveðnum stað A man að atburðurinn „birtist upphaf ljóspúlsins" átti sér stað á tímapunkti t_A.

Ljóspúlsinn byrjar að færast í átt að áhorfandanum sem er staðsettur á punktinum B.

Sjá mynd 3.

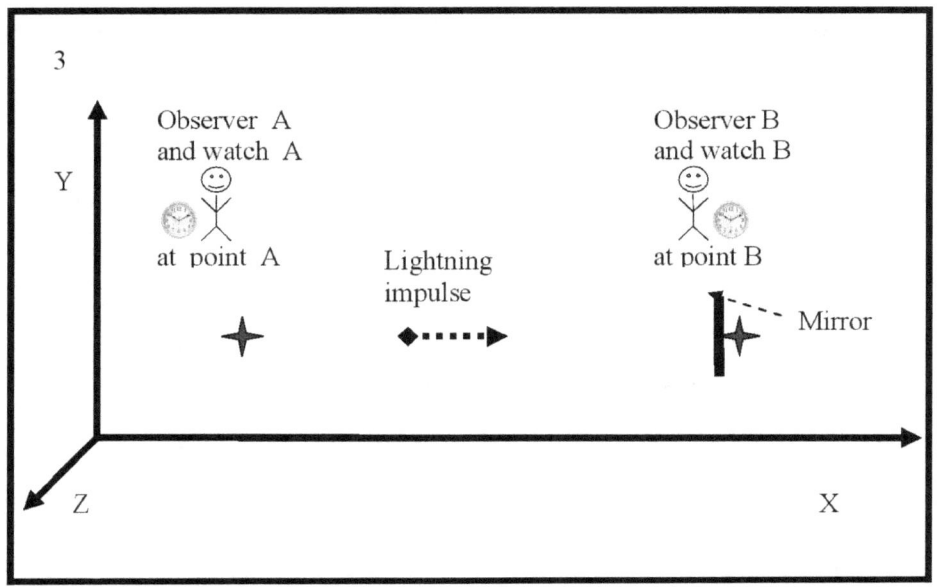

Mynd 3 sýnir að ljóspúlsinn liggur einhvers staðar á milli punkts A og punkts B.

Áhorfandinn sem er staðsettur á punktinum A getur ekki fylgst með hreyfingu ljósgeislans. En sá sem er staðsettur á punktinum A veit (hefur upplýsingar) að ljósgeislinn er að færast í átt að athugandanum sem er staðsettur á punktinum B og að ljósgeislinn mun endurkastast frá speglinum (sem er staðsettur á punktinum B) og snúa aftur til baka. að benda A.

Áhorfandinn á punktinum A fylgist vandlega með lestrinum á úrinu sínu og bíður eftir að ljósgeislinn komi aftur, aftur í punkt A.

Ljóspúlsinn kemur á punktinn B.

Sjá mynd 4.

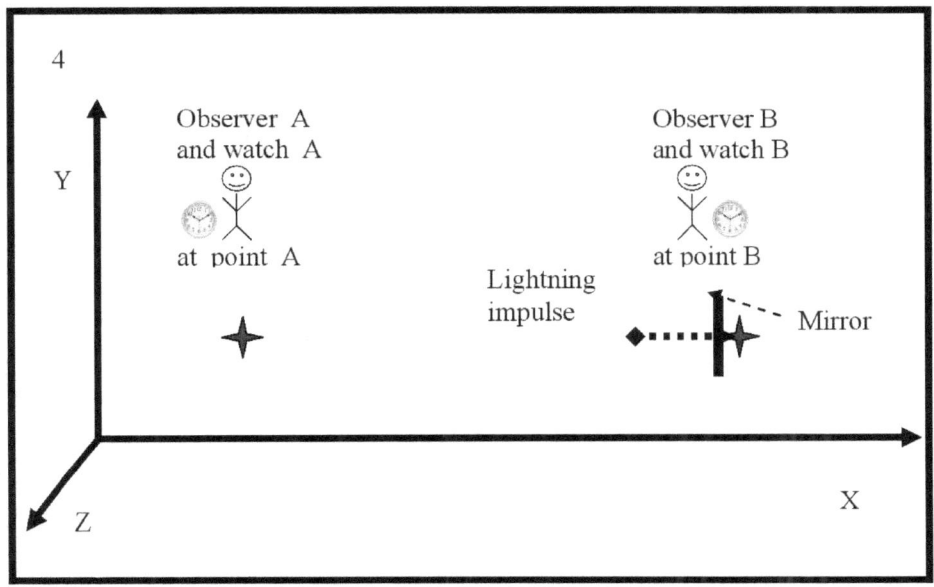

Mynd 4 sýnir að áhorfandinn B tekur eftir komu ljóspúlsins og sér hann endurkastast af speglinum. Koma ljósgeislans á punkt B og endurkast ljósgeislans frá speglinum eru tveir atburðir sem eiga sér stað á sama augnabliki í tíma t_B.

Sjá mynd 5.

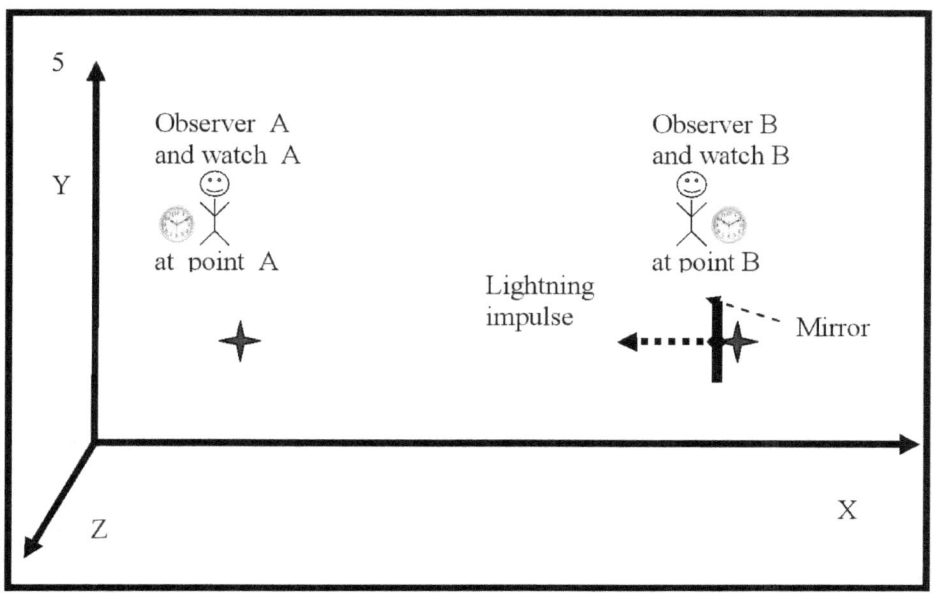

Mynd 5 sýnir komu og endurkast ljóspúlsins. Áhorfandinn B bendir á að þessir tveir atburðir, komu og spegilmynd, eiga sér stað á sama augnabliki í tíma t_B. Augnablik tímans t_B er skráð með aflestri vísanna á klukkunni, áhorfandans á punkti B. Áhorfandinn, sem er staðsettur á punkti B, man að komu og endurkast ljósgeislans á sér stað á augnabliki í tíma t_B.

Ljóspúlsinn endurkastast frá speglinum og berst aftur á stað A þar sem áhorfandinn er staðsettur A.

Sjá mynd 6.

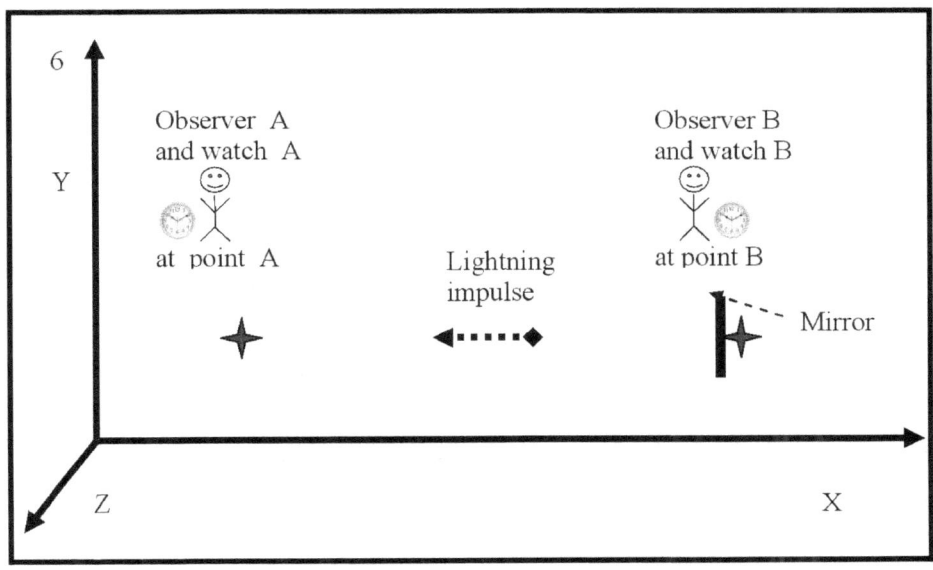

Mynd 6 sýnir að ljóspúlsinn er staðsettur einhvers staðar á milli punkts A og punkts B. Áhorfandinn á punkti A og áhorfandinn á punktinum B geta ekki fylgst með hreyfingu ljóspúlsins, en þeir vita að púlsinn hreyfist frá punkti B til punkts A

Ljóspúlsinn kemur á punktinn A.
Sjá mynd 7.

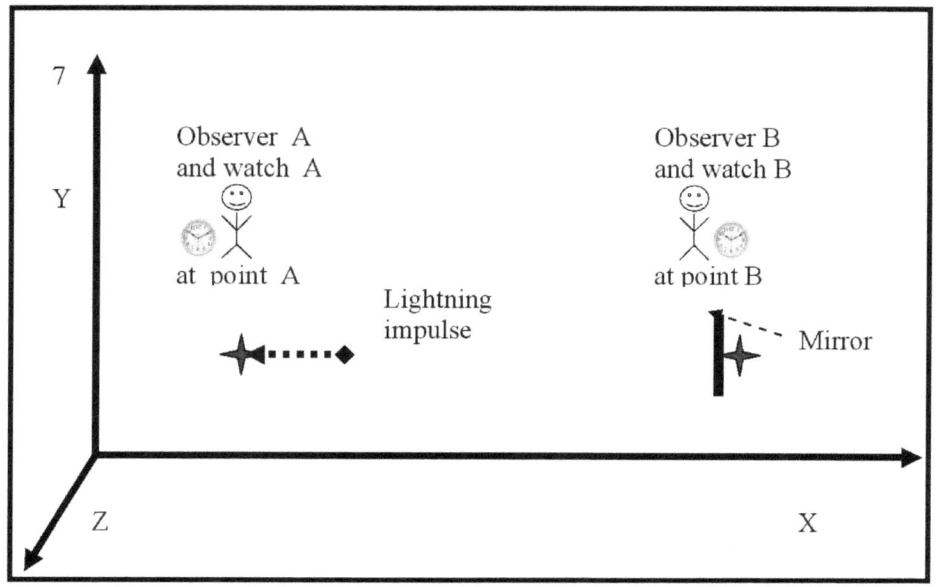

Mynd 7 sýnir að komu púlsins á punktinn A er atburður sem gerist. Áhorfandinn A bendir á að koma ljóspúlsins á sér stað á augnabliki í tíma t'_A. Mæling á augnabliki tímans t'_A fer fram með lestri klukkunnar, sem er staðsett á punkti A. Áhorfandinn á ákveðnum stað A man augnablik tímans t'_A, því augnablik tímans t'_A er nauðsynlegt til að samstilla klukkurnar tvær.

Eftir að hafa framkvæmt hugsunartilraunina koma fram fjórar mikilvægar niðurstöður.

Fyrsta mikilvæga niðurstaðan :

Áhorfandinn á punkti A þekkir tölugildi þess tíma t_A **þegar** ljóspúlsinn fór frá punktinum A og **veit** tölugildi tímans t'_A þegar ljóspúlsinn kom aftur á punktinn A.

Önnur mikilvæg niðurstaða:

Áhorfandinn á punkti A veit **ekki** tölulegt gildi augnabliksins t_B þegar ljóspúlsinn kom að punktinum B.

Þriðja mikilvæg niðurstaða:

Áhorfandinn í punktinum B **veit** að ljóspúlsinn er kominn

FYRSTU MISTÖK EINSTEINS

á stað B, á augnabliki í tíma t_B, skráð af klukku B.

Fjórða mikilvæg niðurstaða :

Áhorfandinn á punkti B veit **ekki** tölugildi tíma augnabliksins t_A þegar ljóspúlsinn fór frá punktinum A og **hann veit ekki** tölugildi tíma augnabliksins t'_A þegar ljóspúlsinn kom aftur á punktinn A.

Til að klukkurnar tvær séu samstilltar í samræmi við þarf skilyrðið að vera uppfyllt:

$$t_B - t_A = t'_A - t_B$$

kosti annar af áhorfendum tveimur A að B **vita tölugildin þrjú,** á augnablikum tímans t_A, t_B og t'_A.

Því miður þekkir hvorugur eftirlitsmannanna tveggja, sá fyrsti staðsettur á punkti A, og sá síðari staðsettur á punkti B, þrjú **tölugildi** tímastunda t_A og t_B. t'_A

Sjá mynd 8.

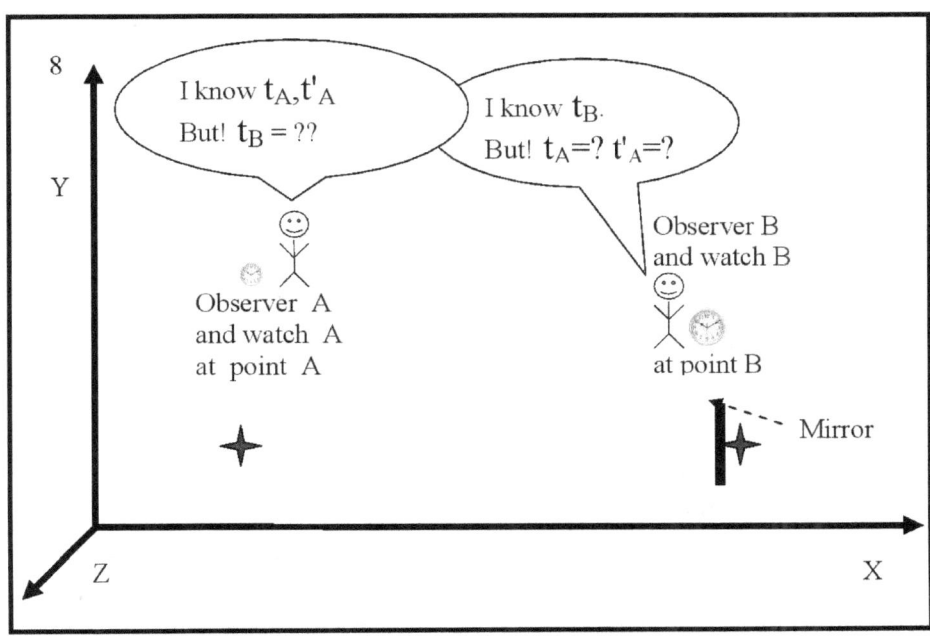

Mynd 8 sýnir að þá getur enginn athugandanna, sá fyrsti

staðsettur á punkti A og sá síðari staðsettur á punkti B, skrifað stærðfræðilega tjáninguna

$$t_B - t_A = t'_A - t'_B$$

þar sem tímabil eru ákveðin.

Þar sem ekki er hægt að skrifa stærðfræðilega tjáningu, þá leiðir það af því að áhorfendur geta ekki reiknað út tímabilin tvö. Ef áhorfendur geta ekki reiknað út tímabilin tvö geta þeir ekki samstillt klukkurnar tvær.

Við gerðum greiningu og niðurstaða greiningarinnar er sú að Albert Einstein gerði hræðileg mistök og aðferð hans til að sanna samstillingu tveggja klukka var röng.

Það vekur upp spurninguna, gerði Albert Einstein virkilega mistök? Kannski höfum við, í greiningu okkar, ruglað einhverju saman?

Greining okkar og niðurstaðan sem við gerðum eru rétt. Ef aðferð Alberts Einsteins notaði spegil til að endurkasta ljóspúlsinum væri ekki hægt að samstilla klukkurnar.

Vandamálið er að Albert Einstein útskýrði ekki í smáatriðum, í smáatriðum, hvernig andlega tilraun. Smáatriði eru mjög mikilvæg þegar gerð er hugsunartilraun, en því miður gaf Albert Einstein ekki gaum að þessari staðreynd.

Við þessar aðstæður verðum við að hugsa og íhuga hvað Albert Einstein vildi segja. Þegar við skiljum hugmynd Alberts Einsteins verðum við að breyta leiðinni, aðferðinni við að samstilla klukkurnar tvær og greina niðurstöðurnar aftur.

Við höfum þegar skilið að athugandinn sem er staðsettur á punkti A, veit t_A, og t'_A, en veit ekki augnablik tímans t_B, og getur ekki reiknað út tímabilin tvö og sýnt að þau séu jöfn.

Spurningin vaknar: hvernig A mun áhorfandinn á punktinum skilja tölulegt gildi augnabliksins t_B?

Áhorfandinn A getur skilið tölulegt gildi augnabliks veme t_B, klukkunnar sem er staðsett á punkti B, með því að fylgjast beint með hlið klukkunnar sem er staðsett á punkti B. Kannski var það hugmynd Albert Einsteins? Ef svo er, þá verður ljósgeislinn sem sendur er frá áhorfandanum A til áhorfandans B að lýsa upp klukkuskífuna sem staðsett er á punktinum B og endurkastast af klukkunni B. Ljósið sem endurkastast frá fleti klukku B mun snúa aftur til áhorfandans A og áhorfandinn A mun sjá hendina á klukku B. Þá á þeim tímapunkti B má ekki vera spegill. Áhorfendaúr ætti að vera komið fyrir í stað spegilsins B.

Nú munum við sýna, í gegnum nokkrar myndir, í smáatriðum og í smáatriðum, skref fyrir skref, kjarna nýju hugsunartilraunarinnar.

Sjá mynd 9.

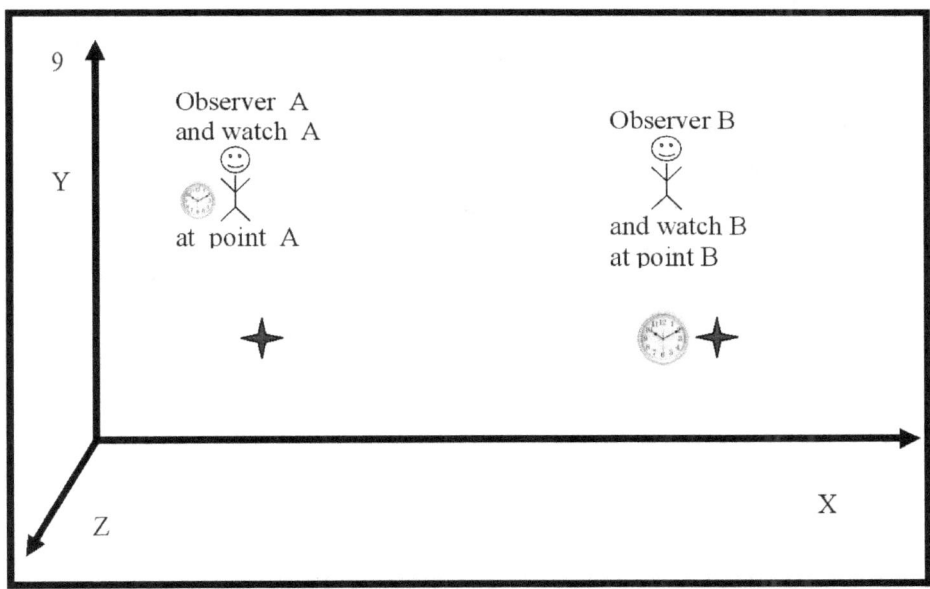

Á mynd 9 eru eftirlitsmennirnir tveir sýndir. Fyrsti áhorfandinn er staðsettur í næsta nágrenni við punktinn A. Við hlið áhorfandans er klukka A. Annar áhorfandinn er staðsettur í næsta nágrenni við punktinn B. Áhorfendaúr B er staðsett fyrir framan punkt B. Klukka áhorfandans B er staðsett í stað spegilsins. Andliti klukkunnar B er beint að áhorfanda A. Þegar skífunni á klukku B er vísað á punkt A mun ljóspúlsinn lýsa upp skífunni og endurkastast til áhorfanda A.

Nýja tilraunin er gerð á annan hátt. Upphafsskilyrði eru önnur. Helsti munurinn er sá að áhorfandinn sem er staðsettur á punktinum A verður að sjá staðsetningu sýnanna á klukkunni sem er sett á punktinn B. Þetta mun gerast þegar upphaf ljósgeislans kemur að klukku B og lýsir upp hlið klukku B og endurkastast aftur til áhorfanda A og kemur að áhorfanda A.

Á augnabliki lýsingar sýna örvarnar tölugildi augnabliksins í tíma t_B.

Spurningin vaknar: hvernig er hægt að gera það þannig að áhorfandi A geti séð nákvæmlega augnablik lýsingar á skífunni á klukku B?

Svarið er auðvelt. Þetta þýðir að tilraunin verður að fara fram í myrkri. Þess vegna, þegar við gerum hugsunartilraunina, „slökkum við ljósin".

Sjá mynd 10.

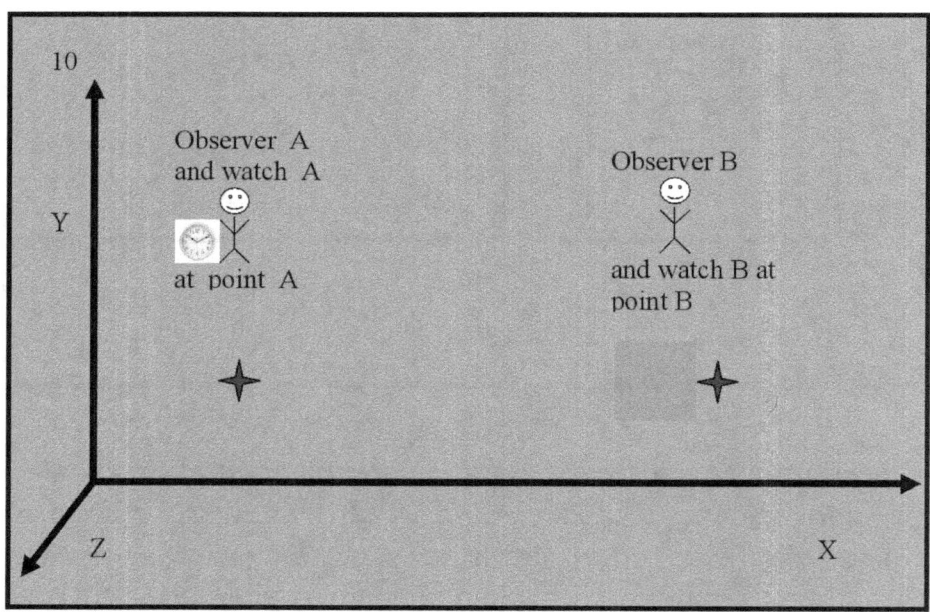

Mynd 10 sýnir að áhorfandinn sem er staðsettur á punktinum A sér hendina á klukkunni sinni A, sem er örlítið upplýst, en sér ekki vísana á klukkunni sem er staðsett á punktinum B, vegna þess að hún er dimm.

Áhorfandinn sem staðsettur er á punkti B sér ekki hendina á úrinu sínu B.

Áhorfandi A sendir ljósgeisla til áhorfanda B.

Sjá mynd 11.

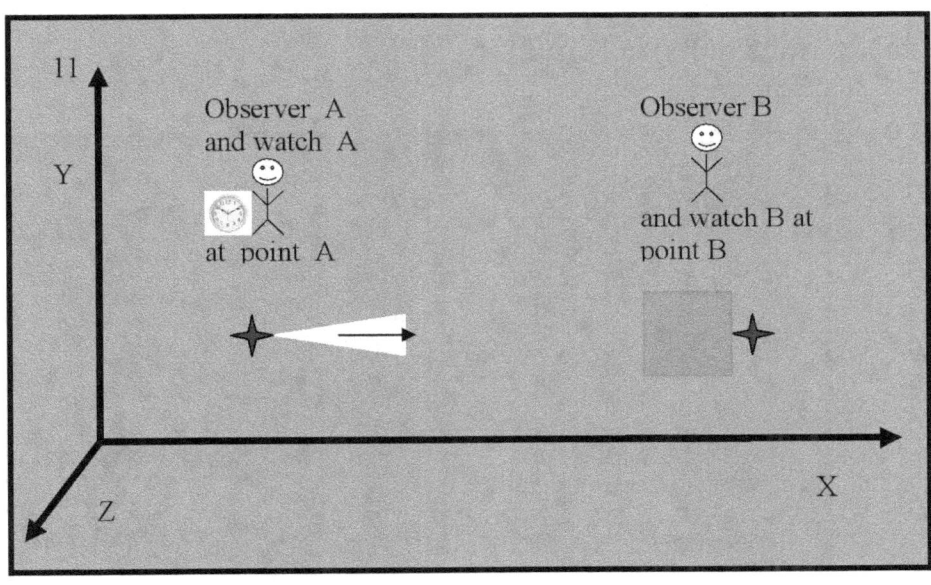

Mynd 11 sýnir að uppspretta ljóspúlsins er frá vasaljósi sem vísað er á klukkuna B.

Við verðum að muna að þegar fyrsta hugsunartilraunin var gerð var uppspretta ljóspúlsins leysir. Munurinn á ljóspúls frá leysi og ljóspúlsi frá vasaljósi er mjög mikilvægur þáttur.

Byrjun leysigeislans endurkastast af speglinum og skoppar aftur. Upphaf leysigeislans ber engar upplýsingar um klukkuálestur á punktinum B. Upphaf ljósgeisla vasaljóssins, þegar það endurkastast af klukku B, hefur upplýsingar um aflestur klukkunnar á punkti B.

Við munum sjá að það er þessi munur, á ljósinu frá leysinum og ljósinu frá vasaljósinu, sem breytir aðferðinni við að samstilla klukkurnar tvær.

Upphaf ljóspúls er atburður sem gerist á ákveðnum tímapunkti t_A. Áhorfandinn A ákvarðar augnablikið í tíma t_A í gegnum úrið sitt, sem er staðsett í næsta nágrenni við punkt A. Áhorfandinn á punktinum A man eftir því að atburðurinn „birtist upphaf ljóspúlsins" átti sér stað á augnabliki í tíma t_A.

Ljósgeislinn byrjar að færast í átt að áhorfandanum, sem er staðsettur í punkti B. Uppruni ljósgeislans er staðsettur einhvers staðar á milli punkts A og punkts B.

Sjá mynd.12 .

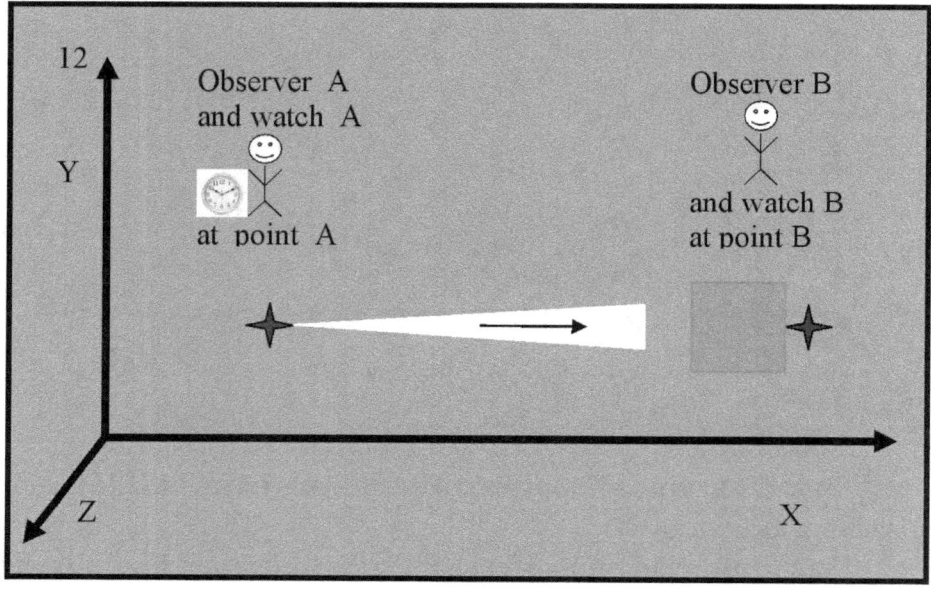

Mynd 12 sýnir að áhorfandinn í punktinum A getur ekki fylgst með hreyfingu uppruna ljósgeislans. En áhorfandinn, sem er staðsettur á punkti A, hefur upplýsingar um að upphaf ljósgeislans sé að færast í átt að athugandanum sem er staðsettur á punktinum B og að upphaf ljósgeislans muni endurkastast af flöt klukkunnar sem staðsettur er á punktinum B og að hann mun snúa aftur á punktinum A.

Upphaf ljósgeislans kemur að punkti B, og lýsir upp flöt klukkunnar sem er settur fyrir framan punkt B.

Sjá mynd 13

FYRSTU MISTÖK EINSTEINS

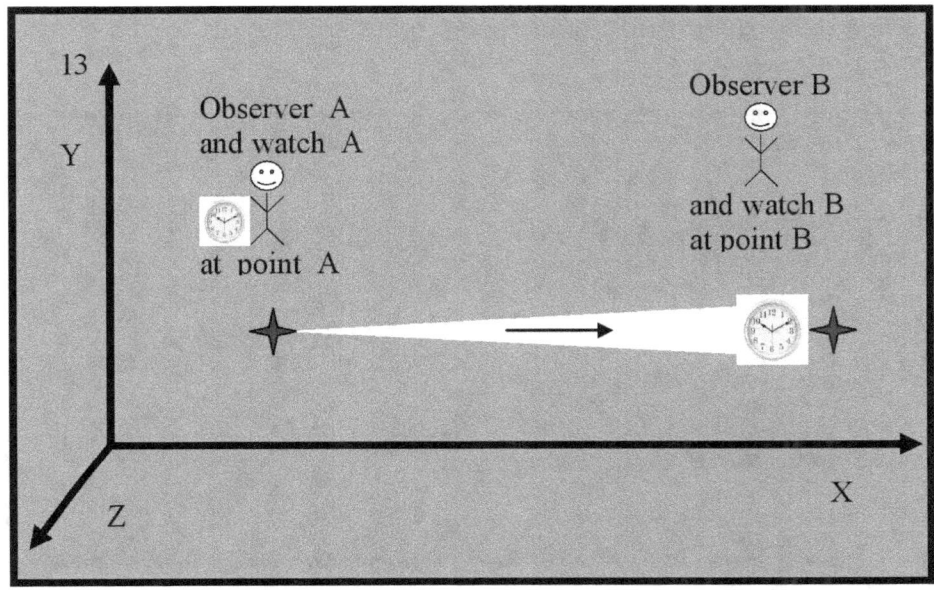

Mynd 13 sýnir að þegar frambrún ljósgeislans lýsir upp klukkuskífuna B mun sá sem athugar á punktinum B sjá klukkuskífuna B. Áhorfandinn sem er staðsettur á punkti B mun sjá staðsetningu klukkunnar B. Örvarnar munu sýna augnablik tímans t_B.

Koma ljósgeislans á punktinn B, lýsing klukkunnar og endurkast ljósgeislans frá klukkunni eru þrír atburðir sem eiga sér stað á sama augnabliki í tíma t_B. Áhorfandinn B bendir á að þessir þrír atburðir, nefnilega komu, lýsing og spegilmynd, eiga sér stað á sama augnabliki í tíma t_B. Áhorfandinn sem er staðsettur á punkti B man eftir því að komu, lýsing og endurkast ljósgeislans eiga sér stað á augnabliki í tíma t_B.

Það er mjög mikilvægt að skilja og muna að þegar áhorfandinn sem er staðsettur á punkti B sér vísana á lýstu klukkunni sem er staðsettur á punkti B sem gefur til kynna augnablikið t_B, á því augnabliki sér t_B áhorfandinn sem staðsettur er á punkti A ekki vísana á klukkunni staðsetta á tímapunkti B. Áhorfandinn A lítur á klukkuna B en sér myrkur. Þetta er vegna þess að ljósgeislinn sem endurkastast af klukkunni

B er ekki enn kominn til áhorfandans A.
Sjá mynd 14.

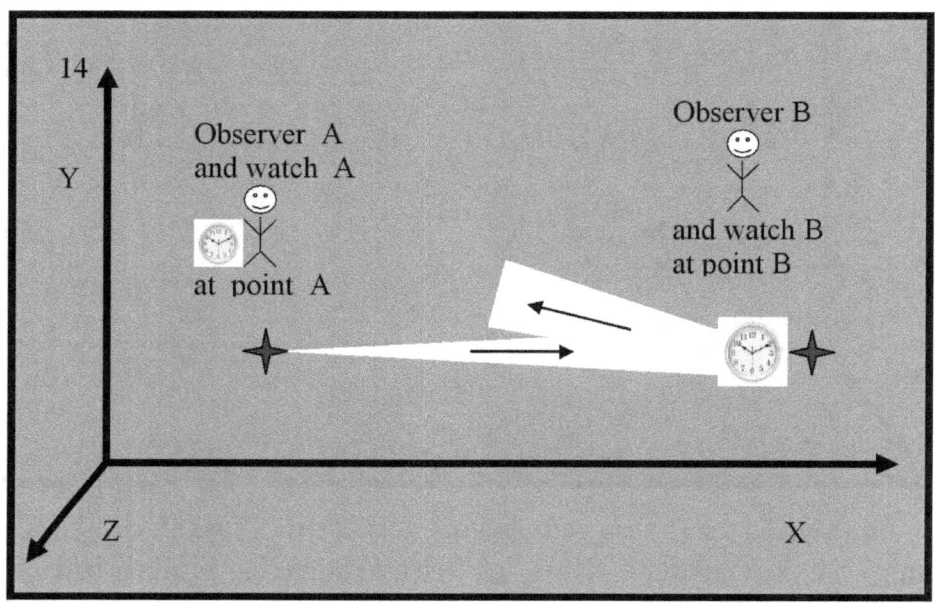

Mynd 14 sýnir að uppruni ljósgeislans er einhvers staðar á milli þessara tveggja áhorfenda.

Þegar endurkastaði geislinn kemur að áhorfanda A, aðeins þá mun hann sjá lýsingu klukkunnar á punktinum B.

Enn og aftur mun ég segja að endurkast ljósgeislans frá klukkuskífunni sem staðsett er á punktinum B, er mjög mikilvægur þáttur í tilrauninni sem við erum að framkvæma. Endurvarp ljósgeisla frá klukkuskífu er í grundvallaratriðum frábrugðið endurkasti leysigeisla frá spegli.

Þetta er vegna þess að, eftir endurspeglun frá klukkuskífunni B, ber upphaf ljósgeislans ljósmynd af upplýstu klukkuskífunni sem staðsett er á punktinum B.

Sjá mynd 15.

FYRSTU MISTÖK EINSTEINS

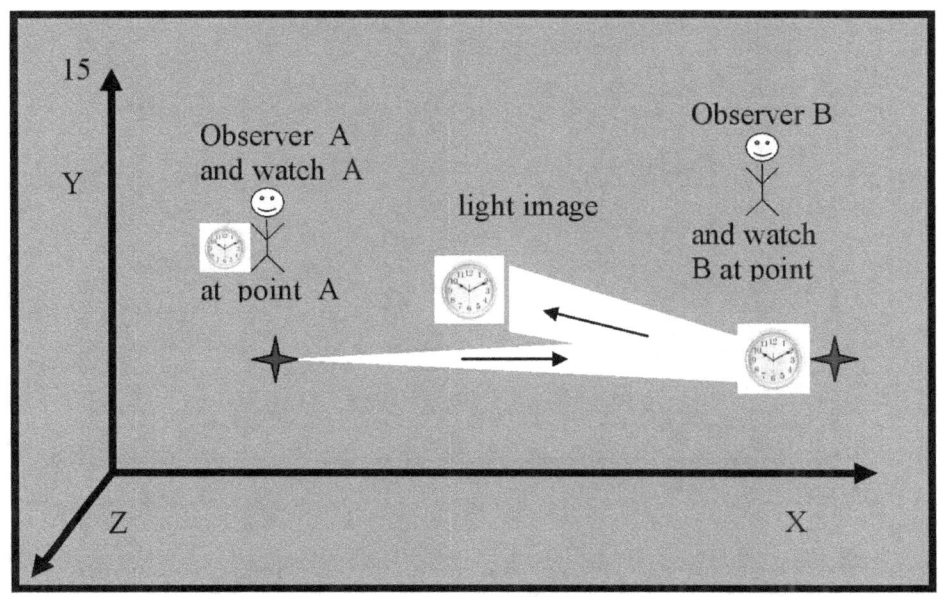

Mynd 15 sýnir að upphaf ljósgeislans hefur "munað" hvernig vísar klukkunnar eru staðsettir á punkti B. Þetta er aðalmunurinn á þessum tveimur hugsunartilraunum sem við erum að greina. Í fyrstu tilrauninni var ljóspúlsinn frá leysi sem endurkastaðist af spegli og bar ekki ljósmynd. Endurkastaði leysirljóspúlsinn er einfaldur ljósblossi.

Þessi staðreynd er mjög mikilvæg, þess vegna ætti að skilja og muna að í seinni tilrauninni ber upphaf ljósgeisla *upplýsingar* um staðsetningu handanna á klukkunni sem staðsett er á punkti B. Þetta eru *upplýsingar* um magn, tölulegt gildi augnabliks í tíma t_B.

Ljóspúlsinn liggur einhvers staðar á milli punkts A og punkts B. Áhorfandinn á punkti A og áhorfandinn á punktinum B geta ekki fylgst með hreyfingu ljóspúlsins, en þeir vita að púlsinn færist frá punkti B til punkts A og að hann ber ljósmynd upplýstu klukkunnar sem staðsett er á punkti B.

Sjá mynd 16.

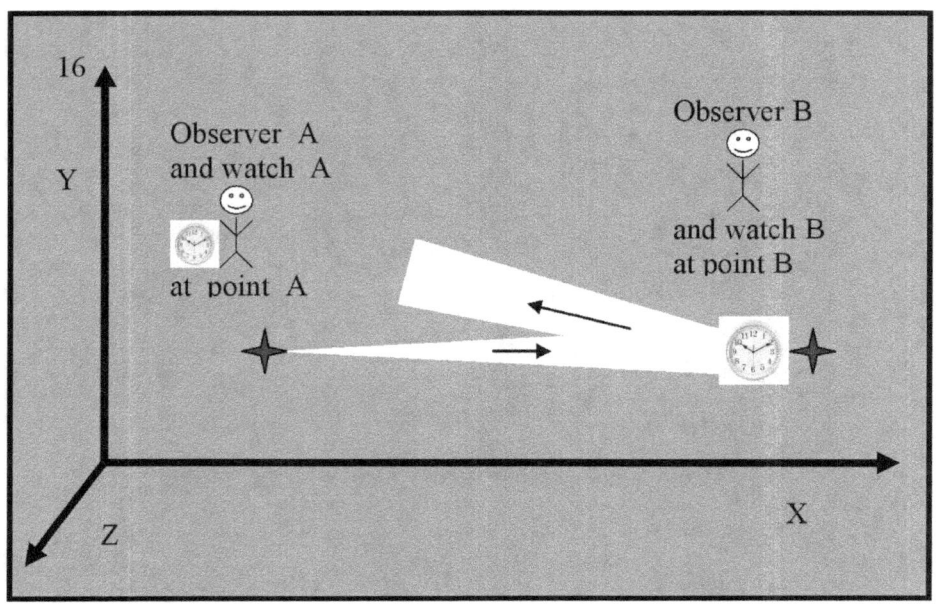

Á mynd 16 er ljósmynd af upplýstu klukkuskífunni sem staðsett er á punkti, ekki sýnd B, heldur áhorfendur og við vitum að hún er þar.

Ljóspúlsinn kemur á punktinn A.

Sjá mynd 17.

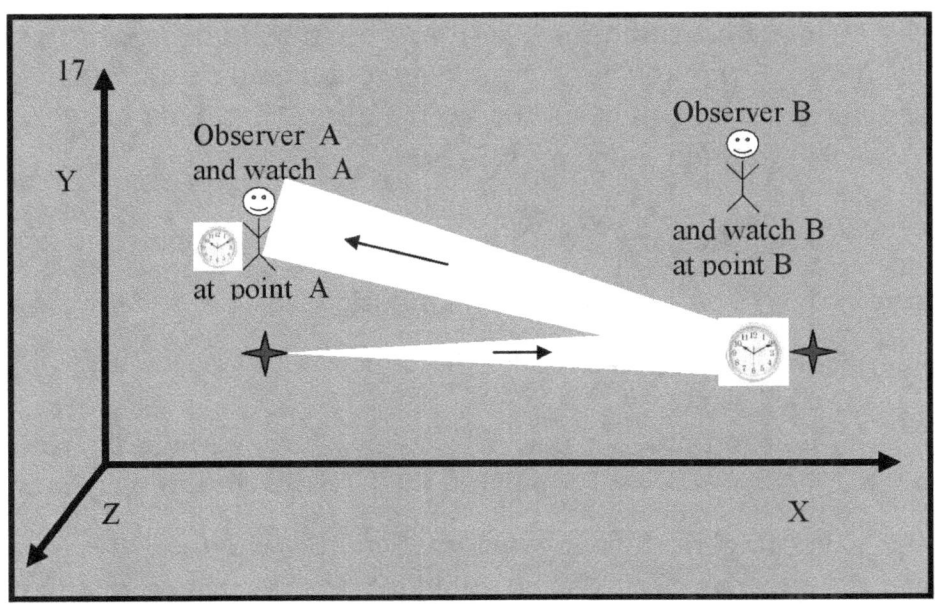

Mynd 17 sýnir að þegar ljóspúlsinn kemur til áhorfanda A mun hann sjá ljósmynd klukkunnar sem staðsett er á punktinum B. Upphaf ljósapúlsins gefur til kynna staðsetningu vísanna á klukkunni á punktinum B. Staða vísanna á klukku B gefur til kynna augnablikið í tíma t_B. Þegar áhorfandinn sem er staðsettur á punkti A sér stöðu klukkunnar B mun hann taka við **upplýsingum** um magngildið, sem er tölugildi augnabliksins t_B.

Þetta er að gerast núna t'_A. Aðdáandinn A bendir á að koma ljóspúlsins og móttaka upplýsinganna á sér stað á þeim tíma t'_A. Mæling augnabliksins í tíma t'_A er talin með aflestri klukkunnar, sem er staðsett á punkti A. Áhorfandinn í punktinum A man augnablikið í tíma t'_A því augnablikið í tíma t'_A er nauðsynlegt til að hægt sé að samstilla klukkurnar tvær

Það sem við sögðum er mjög mikilvægt. Það ætti að skilja og muna að:

Á tímapunkti fær t'_A **áhorfandi** A **tímaupplýsingar** t_B.

Hugmyndatilrauninni um að samstilla klukkurnar tvær er lokið. Eftir að hafa framkvæmt hugsunartilraunina fá áhorfandinn A og áhorfandinn B eftirfarandi niðurstöður:

Niðurstöður áheyrnarfulltrúa B:

Fyrst.

Sá sem skoðar á ákveðnum stað B veit að ljóspúlsinn kom á punkti B, á augnabliki t_B, og endurkastaðist úr speglinum á augnabliki t_B, skráð af klukkunni hans.

Í öðru lagi.

Áhorfandinn á punkti B veit ekki tölugildi tíma augnabliksins t_A þegar ljóspúlsinn fór frá punktinum A og hann veit ekki tölugildi tíma augnabliksins t'_A þegar ljóspúlsinn kom aftur á punktinn A. Til að klukkurnar tvær séu samstilltar (samkvæmt Albert Einstein) þarf skilyrðið að vera uppfyllt:

$$t_B - t_A = t'_A - t_B$$

á punkti B að þekkja þrjú tölugildi tíma augnabliksins t_A og t_B, t'_A

Áhorfandi B þekkir ekki þrjú tölugildi t_A tímastundanna og t_B, t'_A þess vegna getur áhorfandi B ekki samstillt klukkurnar tvær.

Niðurstöður áheyrnarfulltrúa A:

Áhorfandinn á punkti A veit tölulegt gildi þess tíma t_A þegar ljóspúlsinn fór frá punktinum A.

Áhorfandinn á punkti A veit tölulegt gildi þess augnabliks tímans t_B þegar ljóspúlsinn kom að punktinum B.

Áhorfandinn á punkti A veit tölulegt gildi þess tíma t'_A þegar ljóspúlsinn kom aftur á punktinn A.

Albert Einstein sagði að til þess að klukkurnar tvær geti

verið samstilltar þurfi skilyrðið að vera uppfyllt:

$$t_B - t_A = t'_A - t_B$$

Áhorfandi A þekkir þrjú tölugildi t_A tímastundanna og t_B, t'_A

Áhorfandinn A skrifar jöfnuna, leysir hana og samkvæmt Albert Einstein er það nóg og klukkurnar eru samstilltar. Tilrauninni sem við erum að gera hefur lokið með góðum árangri.

Er það virkilega svo?

Svarið við þessari spurningu er: Nei!

Niðurstaðan um að tilrauninni hafi verið lokið er ekki rétt. Við munum nú sýna að klukkurnar gætu ekki verið samstilltar.

Samkvæmt aðferð Alberts Einsteins þarf augnablik tímans t_B að vera á miðju bilinu, á milli t_A og t'_A, og þá eru klukkurnar samstilltar. Við skulum rifja upp tilraunina með tilteknum tölum tímans:

Átta til tíu er tvö og tíu til tólf er tvö. Tíu er á miðju bilinu frá átta til tólf og þá eru klukkurnar samstilltar. Fyrir Albert Einstein er þetta það mikilvægasta.

En við höldum því fram að:

Tíu geta **verið í** miðju bilinu og klukkurnar **eru ekki** samstilltar.

Og það:

Tíu eru kannski **ekki** í miðju bilinu og klukkurnar **eru** samstilltar.

Hver er þessi ráðgáta og hvernig er þetta mögulegt?!

Það er mögulegt vegna þess að við gleymdum mjög mikilvægri staðreynd:

Á tímapunkti fær t'_A **áhorfandi** A **upplýsingar um tímann** t_B **frá annarri klukku**.

Að fá **tímaupplýsingar** frá annarri klukku breytir t_B allri samstillingaraðferðinni.

Við munum skrifa töludæmið einu sinni enn.

Ljósapúlsinn byrjar klukkan átta, **samkvæmt báðum klukkunum**, kemur klukkan tíu, **samkvæmt báðum klukkunum**, og kemur aftur klukkan tólf, **samkvæmt báðum klukkunum**.

Það mikilvægasta er einbeitt í hugtakinu " **samkvæmt klukkunum tveimur**."

Þetta þýðir að áhorfandi, A eða áhorfandi B, verður að **sjá tilviljun þess að atburðir gerast**. Leikirnir eru þrír.

Fyrsti leikur:
Tilviljun atburðar, sem átti sér stað á stundinni klukkan átta samkvæmt A, með atburðinum, sem átti sér stað á stundinni klukkan átta samkvæmt B.

Annar leikur:
Tilviljun atburðar, sem gerist á stundarstund klukkan tíu samkvæmt A, við atburðinn, gerist á stundarstund klukkan tíu samkvæmt B.

Þriðji leikur:
Tilviljun atburðar, sem átti sér stað á tímapunkti klukkan tólf samkvæmt A, og atburðurinn átti sér stað á tímapunkti klukkan tólf samkvæmt B.

Ef áhorfandi, A eða áhorfandi B, getur ekki séð þrjár tilviljanir atburða, geta klukkurnar ekki samstillt sig.

Við höldum því fram að:

Þegar áhorfandi A, eða áhorfandi B, fær **upplýsingar** um atburði atburðar, þá getur áhorfandinn ekki fylgst **með** því að þessi atburður gerðist og annar atburður gerðist.

Tilviljun að gerast er aðeins möguleg og aðeins með „**beinum**" **eftirlit**. Mjög mikilvæg spurning vaknar hér: hvað þýðir **bein athugun**? Einstein spurði ekki þessarar spurningar og greindi ekki fyrirbærið „**bein athugun**". Greining er nauðsynleg, sérstaklega þegar kemur að vísindum skammtafræðinnar, þar sem augnablik tímans eru mjög nálægt hvert öðru og tímabilið er mjög lítið.

Í stuttu máli, áhorfandinn getur ekki samstillt klukkurnar tvær.

Nú munum við enn og aftur framkvæma tilraunina, vandlega, án þess að flýta sér, og gera nákvæma greiningu.

Til að gera það skýrt, sjá mynd 18.

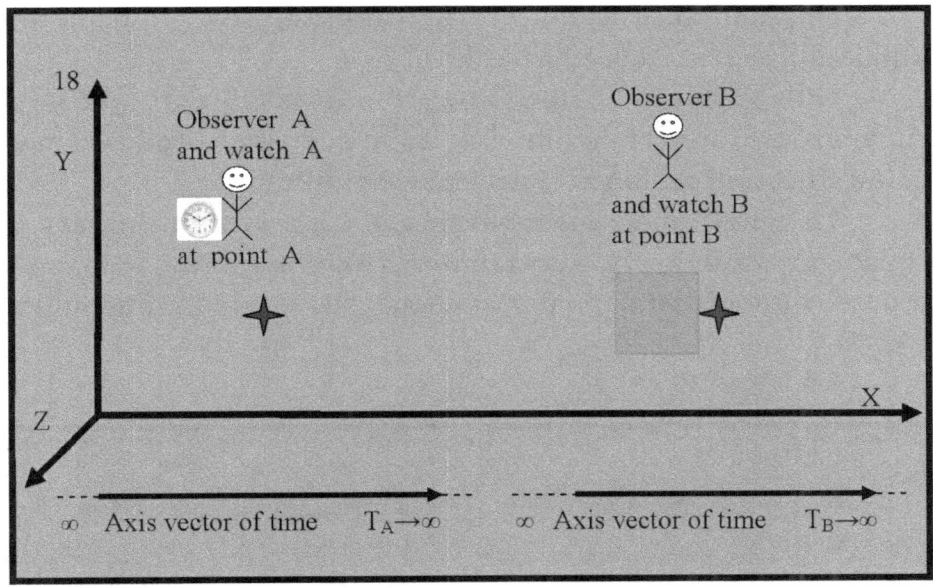

Á mynd 18 er áhorfandi A sem sér klukku A en sér ekki klukku B vegna þess að klukkan B er ekki upplýst. Áhorfandi B staðsettur á punkti B, sem sér ekki klukku B vegna þess að klukkan B er ekki upplýst.

Tveir vektorar eru sýndir neðst á myndinni. Þetta eru samræmdir tímaásar. Vinstri tímaásinn sem sýndur er samkvæmt myndinni sýnir hvernig klukkutíminn breytist A, sá hægri sýnir hvernig klukkutíminn B breytist. Tíðaásar tímans hófu upphaf sitt, í óendanlega fjarlægri fortíð, og munu halda áfram að vaxa, í óendanlega fjarlægri framtíð. Tímaásarnir tveir eru óháðir hver öðrum vegna þess að þeir eru úr tveimur sjálfstæðum klukkum, klukku A og klukku B. Á ásunum munum við merkja tímastundir klukku A og klukku B.

Á þennan hátt munum við bera saman augnablik tímans

milli áhorfanda A og áhorfanda B. Við munum geta skilið hvaða augnablik áhorfandi sér A þegar áhorfandi B horfir á úrið sitt, og öfugt hvaða augnablik áhorfandi sér B þegar áhorfandi A sér úrið sitt.

Áhorfandi A sendir ljósgeisla til áhorfanda B.

Uppruni ljósgeislans er frá vasaljósi, sem er beint að klukkunni sem er staðsett á punkti B.

Útlit upphafs ljósgeislans er atburður sem gerist á tímapunkti t_A. Áhorfandinn A ákvarðar augnablik tímans t_A með úrinu sínu, sem er staðsett í nálægð við punktinn A.

Tölugildi tíma augnabliksins t_A, er sýnt á hnitaás á tímavigur, á klukku A. Áhorfandinn á ákveðnum stað A man að atburðurinn „birtist upphaf ljóspúlsins" átti sér stað á tímapunkti t_A.

Sjá mynd 19.

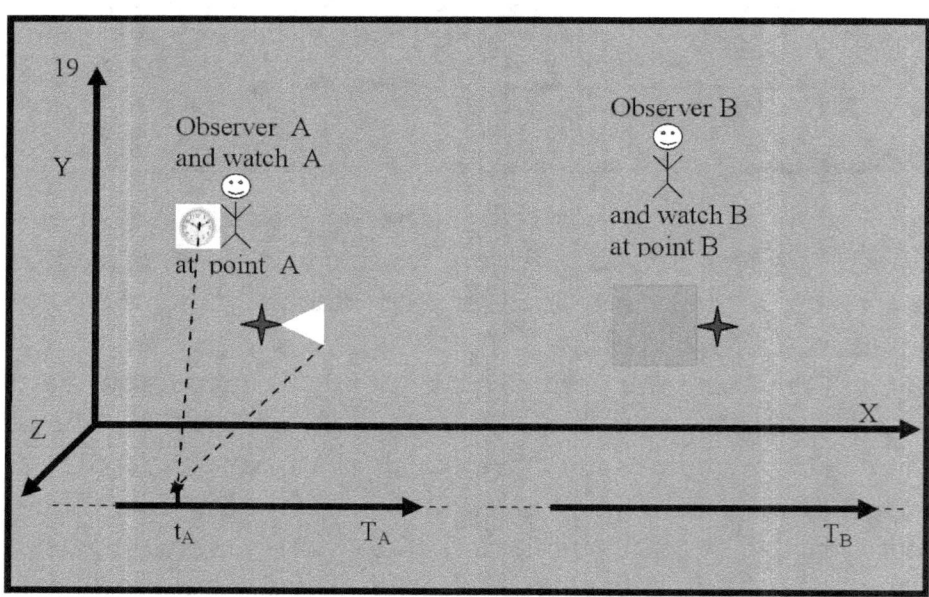

Á mynd 19 sjást tvær strikaðar örvar sem benda á augnablik tímans t_A. Fyrsta örin er frá klukkunni A, að núverandi tíma t_A. Þetta er aflestur klukkunnar A. Önnur örin byrjar frá upphafi ljósgeislans og endar á t_A og gefur til kynna að upphaf ljósgeislans birtist á tímapunkti t_A.

Þegar klukka áhorfanda A sýnir tíma t_A, þá mun klukka áhorfandans B sýna einhvern eigin tíma, sem við táknum með tákninu t_{BA}.

Sjá mynd 20

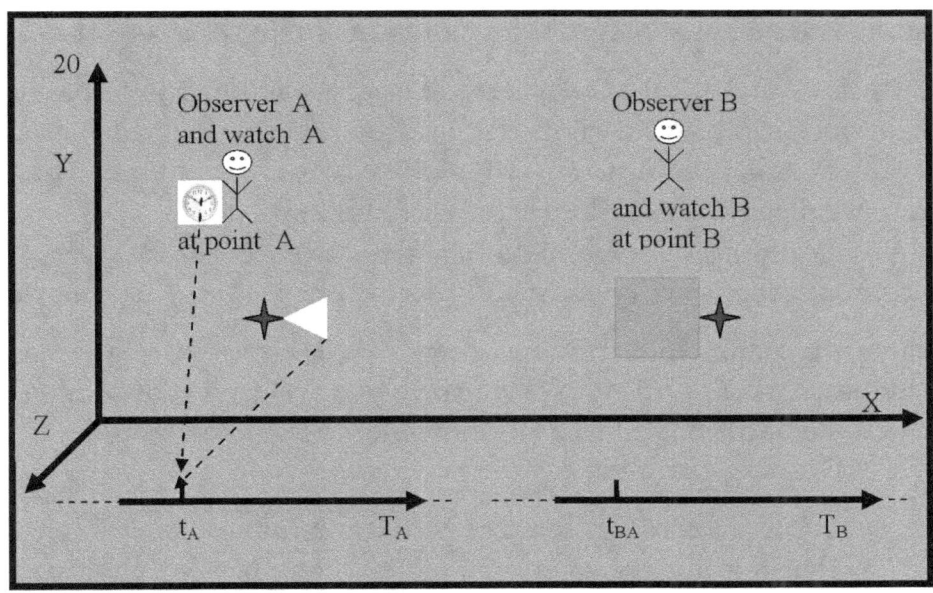

Mynd 20 sýnir augnablik tímans t_{BA}, sem er á vektornum T_B, klukkunnar B. Ef við gerum ráð fyrir að klukkan B og úrið A mæli og sýni sama tíma, þá augnablik tímans t_A verður að vera jafnt augnabliki tímans t_{BA}.

Tvær spurningar vakna.
Fyrsta spurningin er:
Getur áhorfandi A vitað að augnablik tímans t_A sem úrið hans mælir A sé jafnt augnabliki tímans t_{BA} sem klukka mælir B?

Svarið er nei. Þetta er vegna þess að áhorfandi A horfir á klukkuna B, en það er dimmt þar. Það er dimmt vegna þess að klukkuskífan B er ekki upplýst af ljósgeislanum. Þegar ljósgeislinn kemur að klukku B, og endurkastast af yfirborði klukku B, og snýr aftur til áhorfanda A, aðeins þá mun áhorfandinn A sjá augnablik tímans t_{BA} á klukkunni B. Þegar áhorfandi A sér augnablik t_{BA} klukkutíma B mun hann líta á klukkuna sína og bera t_{BA} saman klukkutímann B við klukkuna sína A. Úrið hans A mun sýna einhvern annan tíma sem er ekki jafn núverandi tíma t_{BA}. Þetta er vegna þess að ljós ferðast á þrjú hundruð þúsund kílómetra hraða á sekúndu og það ferðast vegalengdina frá punkti B til punkts A á rauntímabili. Þetta raunverulega bil er seinkun sem sýnir klukkuna A.

Áhorfandi A, getur ekki fylgst með atburði þessara tveggja atburða, getur ekki fylgst með atburði tímans, getur ekki borið saman tvö augnablik tímans t_A og t_{BA}, getur ekki fylgst með tilviljun atburða sem eiga sér stað og getur ekki fullyrt ótvírætt að á þennan hátt samstillir hann, áhorfandinn, klukkurnar tvær.

Önnur spurningin er:

Getur áhorfandi B vitað að það t_A er jafnt og t_{BA} ?

Svarið er nei. Þetta er ómögulegt vegna þess að áhorfandi B sér klukku áhorfanda A sem er örlítið upplýst, en sér ekki atburðinn „fara frá ljósgeislanum" frá punkti A, vegna þess að upphaf ljósgeislans er enn einhvers staðar á milli punkts A og punkts B.

Upphaf ljósgeislans og klukkumælingin A, í augnablikinu t t_A, hreyfast saman.

Sjá mynd 21.

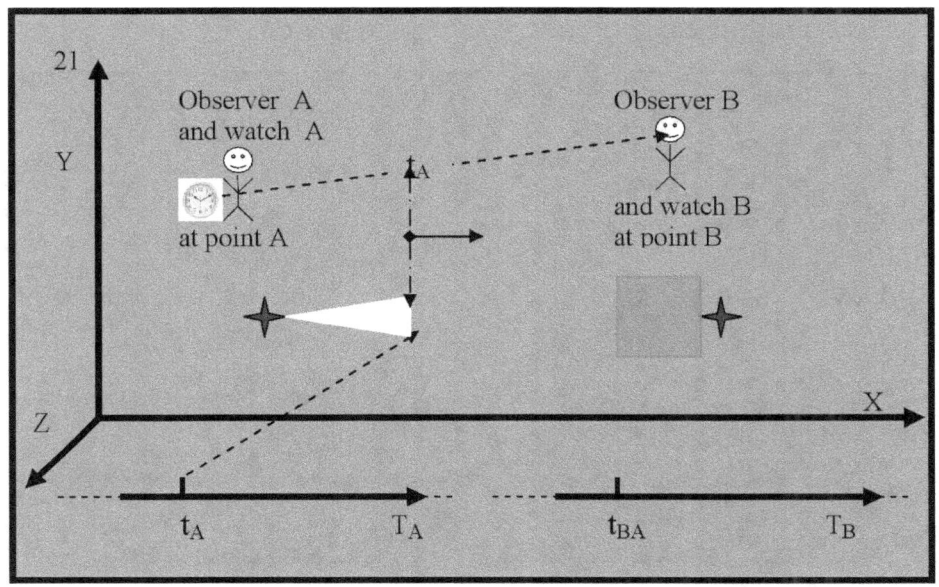

Mynd 21 sýnir að ljósmynd klukkunnar A hreyfist á strikaðri ör sem tengir klukkuna A við áhorfandann B.

Áhorfandi B mun aðeins sjá atburðinn „Brottför ljósgeisla" þegar upphaf ljósgeislans kemur að áhorfanda B og lýsir upp klukkuskífuna B.

Það sem skiptir máli er að áhorfandi B getur ekki séð samsvörun atburðarins „stundastund t_A á klukkunni A" og atburðarins „stundastund t_{BA} á klukkunni B".

Áhorfandinn B getur ekki sagt hvort það t_A er jafnt t_{BA} og getur ekki ákvarðað augnablik tímans t_{BA}.

Tíminn t_{BA} er ekki hægt að ákvarða af áhorfendum tveimur. Þess vegna, á eftirfarandi myndum, er augnablik tímans t_{BA} ekki sýnt á tímavektor klukkunnar B.

Á þessu stigi tilraunarinnar geta áhorfendur ekki samstillt klukkurnar tvær.

Ljóspúlsinn heldur áfram að færast í átt að áhorfandanum sem er staðsettur á punktinum B.

Sjá mynd 22.

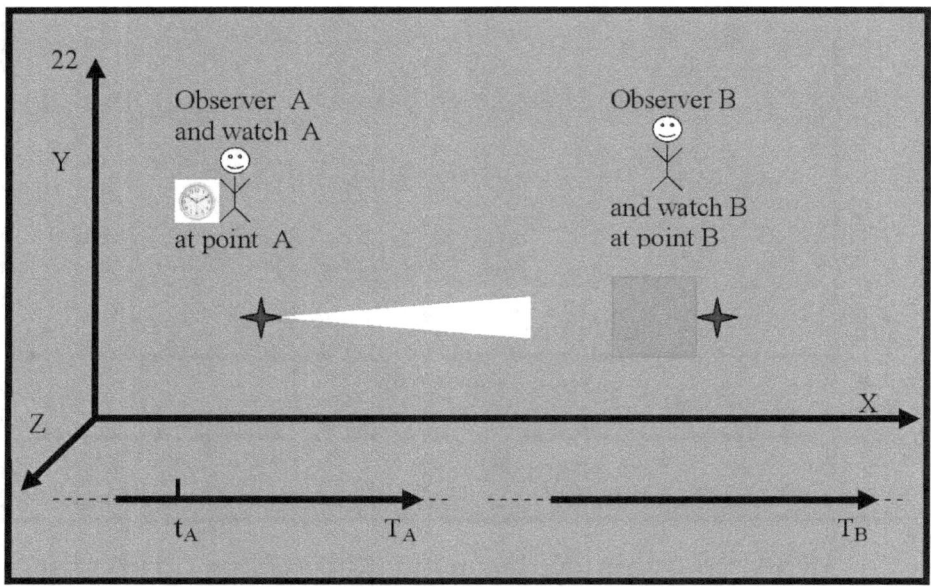

Mynd 22 sýnir að uppruni ljóspúlsins er staðsettur einhvers staðar á milli punkts A og punkts B. Áhorfandi A, og áhorfandi B, getur ekki fylgst með hreyfingu upphafs ljóspúlsins. En áhorfandi B og athugandi A vita að uppruna ljóspúlsins er að færast í átt að punkti B. Þeir hafa **upplýsingar** um að geislinn sé á hreyfingu.

Upphaf ljósgeislans kemur á punkt B og lýsir upp klukkuna B. Áhorfandinn á punktinum B horfir á upplýsta klukkuna og sér að, samkvæmt klukkunni hans, er tölugildi augnabliksins t_B.

Sjá mynd 23.

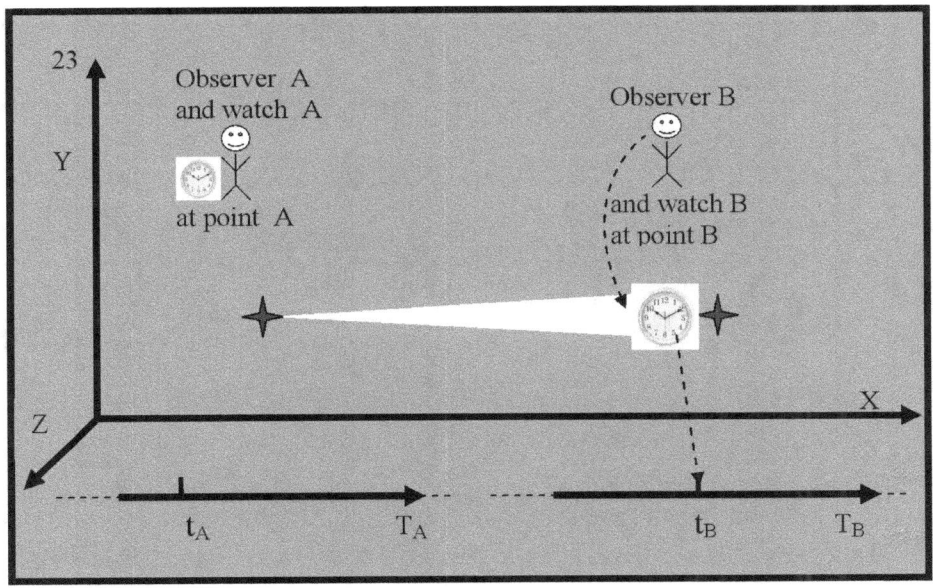

Á mynd 23 er augnablik tímans t_B sýnt á tímaás klukku B.

Þegar áhorfandi B, sjá hendina á klukku B, sem gefa til kynna augnablik tímans t_B, vísar klukku áhorfanda A, mun gefa til kynna einhvern tíma t_{AB}.

Sjá mynd 24.

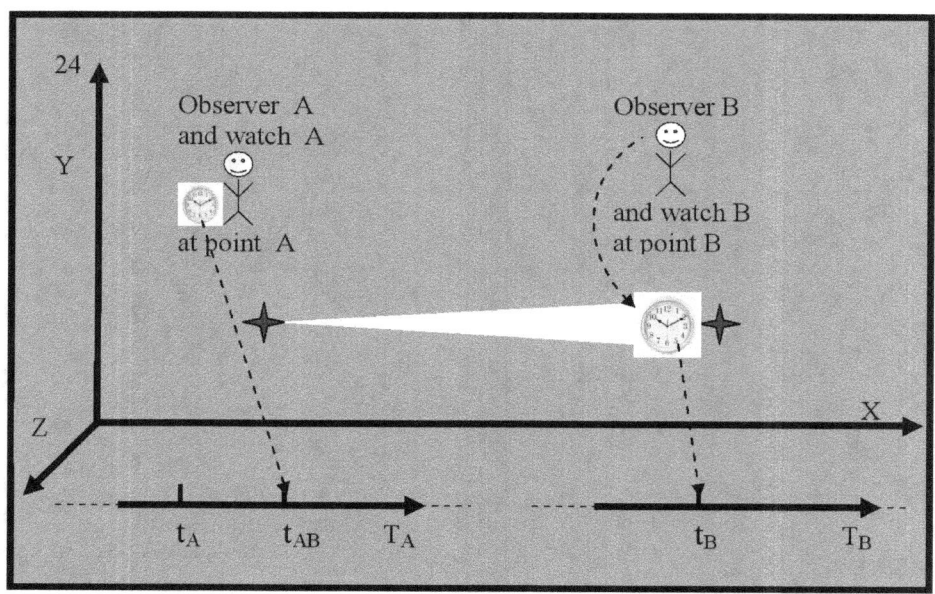

Á mynd 24 sýnir strikuð ör augnablik tímans t_{AB} á klukku A.

Ef við gerum ráð fyrir að klukka B og horfa A, mæla og sýna sama tíma, þá verður augnablik tímans t_B að vera jafnt augnabliki tímans t_{AB}.

Tvær spurningar vakna.

Fyrsta spurningin er:

Getur áhorfandi B skilið að , t_B er jafn t_{AB} og og séð tilviljun þess að atburðurinn „á sér stað á augnabliki í tíma t_B" og atburðurinn „á sér stað á augnabliki í tíma t_{AB}"?

Svarið er nei. Áhorfandi B getur ekki séð aflestra handa á klukku áhorfanda A sem gefur til kynna augnablik í tíma t_{AB}.

Sjá mynd 25

FYRSTU MISTÖK EINSTEINS

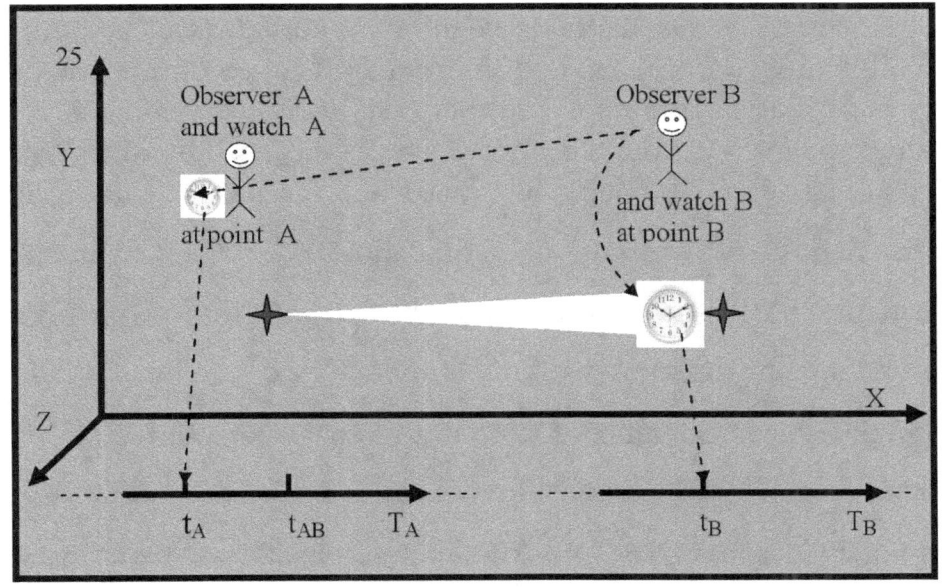

Mynd 25 sýnir að áhorfandi B mun sjá aflestrar vísanna á klukku A, sem gefur til kynna augnablik í tíma t_A. Þetta er vegna þess að þegar áhorfandi B horfir á klukku áhorfanda A mun hann sjá ljósmynd af klukku A. Við höfum þegar útskýrt að það er ljós sem endurkastast frá yfirborði úrs A og flytur upplýsingar um aflestra handa úrsins A. Ljósmynd klukku A hreyfist með upphafi ljóspúlsins. Upphaf púlsins og myndarinnar koma saman á punkti B og þetta gerist á augnabliki sem t_B mælist með klukku B.

Í stuttu máli, þegar ljóspúlsinn lýsir upp úr , mun B áhorfandi B sjá á úrinu sínu B, augnablik í tíma t_B, og mun sjá á úrinu A, augnablik í tíma t_A. Á þessum tímapunkti í tilraun okkar B getur athugandinn ekki sannað að klukkurnar séu samstilltar.

Önnur spurningin er:

Getur áhorfandi A vitað að augnablik tímans t_{AB} sem úrið hans mælir A sé jafnt augnabliki tímans t_B sem klukka mælir B?

Svarið er nei. Þetta er vegna þess að áhorfandi A horfir á klukkuna B, en það er dimmt þar. Það er dimmt vegna þess að ljósgeislinn sem endurkastast hefur ekki enn náð til áhorfanda A. Horfðu á mynd 23. Þegar ljósgeislinn snýr aftur til áhorfandans A, aðeins þá A mun áhorfandinn sjá augnablik tímans t_B á klukkunni B. Þegar áhorfandi A sér augnablik tímans t_B á klukku B mun hann líta til sín klukka, og mun bera saman tímann t_B á klukkunni B, við tímann á eigin klukku A. Áhorfendaklukka A mun sýna augnablik tíma t'_A sem er ekki jafnt augnabliki tímans t_B og sem er ekki jafnt augnabliki tímans t_{AB}. Áhorfandi A getur ekki séð samsvörun t_B klukkutímaviðburðarins t_{AB} og A klukkutímaviðburðarins B. Þetta er vegna þess að ljós ferðast á þrjú hundruð þúsund kílómetra hraða á sekúndu og ferðast vegalengdina frá punkti B til punkts A á rauntímabili. Þetta raunverulega bil er seinkun sem klukkan A telur. Áhorfandi A getur ekki ákvarðað tímann t_{AB} og getur ekki samstillt klukkurnar tvær.

Á þessu stigi tilraunarinnar geta áhorfendur A ekki B samstillt klukkurnar tvær.

Upphaf ljósgeislans endurkastast af fleti klukku B og fer að færast í átt að áhorfanda A.

Sjá mynd 26.

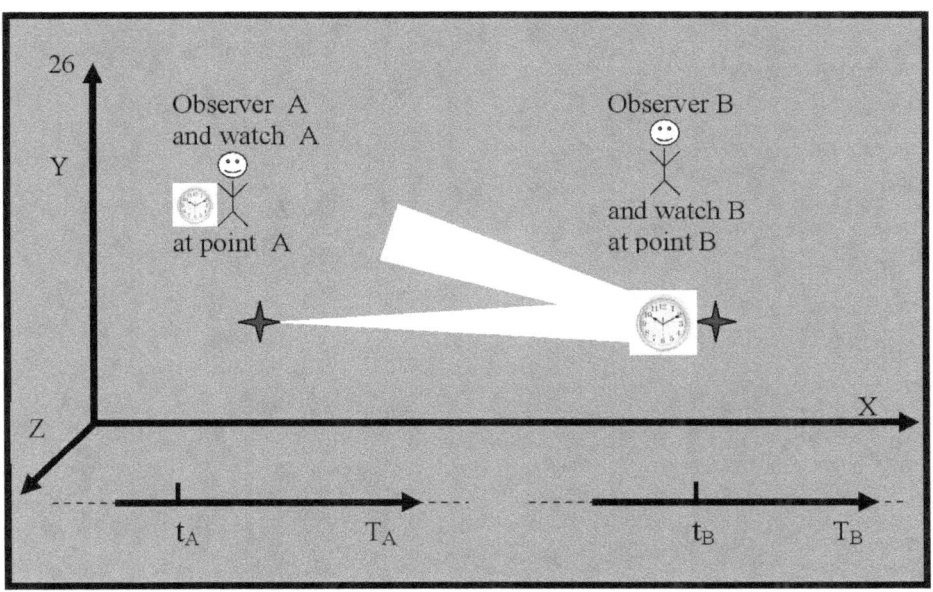

Á mynd 26 má sjá að tíminn A er ekki sýndur á tímaás klukku t_{AB}, vegna þess að hann er ekki skilgreindur.

Upphaf ljósgeislans flytur upplýsingar um aflestur sýna á klukku B.

Upphaf ljósgeislans kemur til áhorfanda A,
Sjá mynd 27.

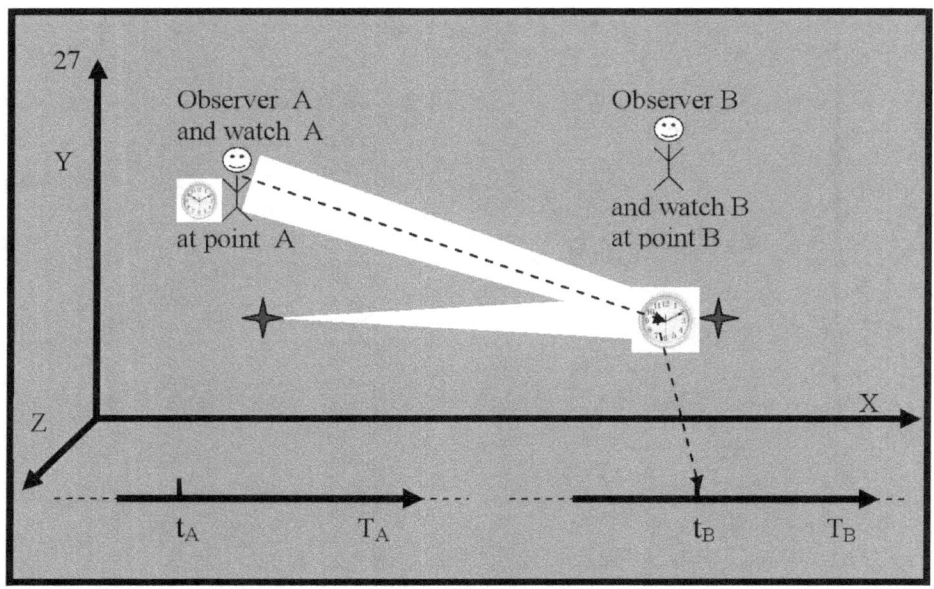

Mynd 27 sýnir að áhorfandi A sér ljósmynd klukkuskífunnar B og álestur á vísa klukku B sem gefur til kynna augnablik í tíma t_B.

Áhorfandi sem A horfir á úrið sitt sér að þetta gerist á augnabliki í tíma t'_A.

Sjá mynd 28.

FYRSTU MISTÖK EINSTEINS

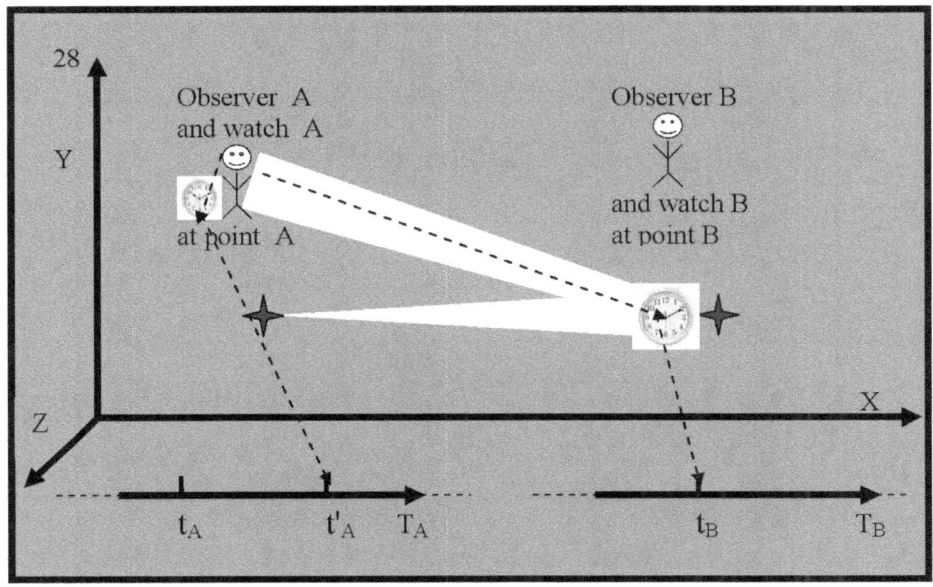

Þegar áhorfandi A sér mælingar á vísa á úrinu sínu A sem gefa til kynna tímapunkt t'_A, munu vísar klukku B benda á einhvern tímapunkt t_{BA}.

Sjá mynd 29.

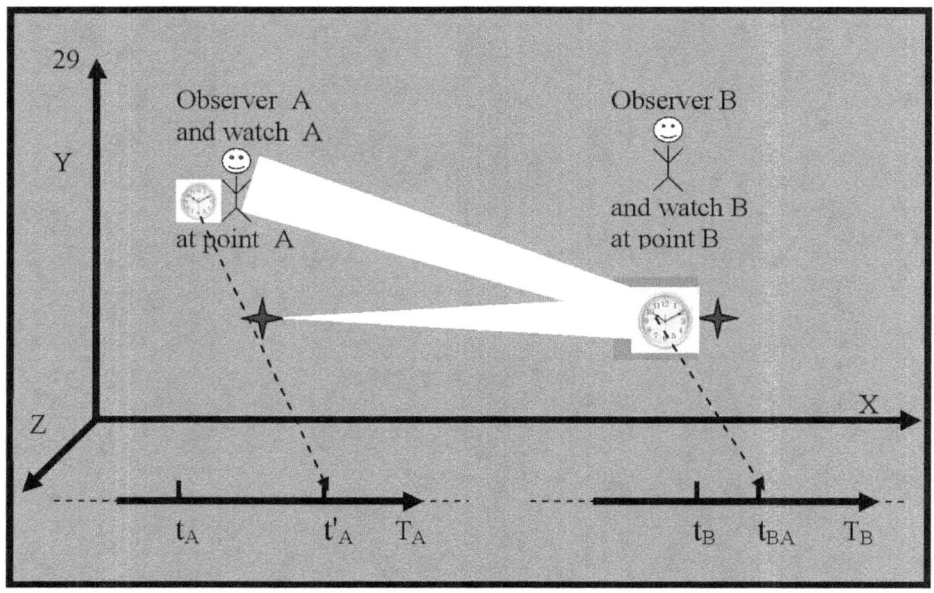

Mynd 29 sýnir hvað áhorfandi sér A samkvæmt klukkunni sinni og það sem áhorfandi sér B samkvæmt klukkunni sinni.

Ef við gerum ráð fyrir að klukkurnar virki samstillt, þá verður tímastundin t_{BA} að vera jöfn tímastundinni t'_A.

Tvær spurningar vakna.

Fyrsta spurningin er:

Getur áhorfandi A vitað að augnablik tímans t'_A sem klukka hans mælir A sé jafnt augnabliki tímans t_{BA} sem klukka B mælir?

Svarið er nei.

Þetta er vegna þess að áhorfandi A horfir á klukku B, en þar sér hann augnablik í tíma, í gegnum þann tíma t_B ákvarðar t'_A áhorfandi tímann A. Ljósmyndin af aflestri vísa klukku B, sem sýnir augnablikið í tíma t_{BA}, er á klukku B.

Þegar ljósmynd af aflestri vísa klukku B, sem gefur til kynna tímapunktinn t_{BA}, er skilað til áhorfanda A, aðeins þá A

mun áhorfandinn sjá stundina t_{BA} á klukkunni B. En þegar þetta gerist mun klukkan A sýna allt annan tíma. Áhorfandi A, getur ekki séð **tilviljun atburðar** augnablik í tíma t'_A, með atburði augnablik í tíma t_{BA}.

Áhorfandi A getur ekki sagt og sannað að klukkurnar séu samstilltar.

Önnur spurningin er:

Getur áhorfandi einhvern veginn B vitað að augnablik tímans t_{BA} sem klukka mælir B sé jafnt augnabliki tímans t'_A sem klukka mælir A?

Svarið er nei.

Þetta er vegna þess að áhorfandi B lítur á klukkuna A og mun sjá vísana á klukkunni A, sem gefur til kynna einhvern tíma t_{AB} sem er frábrugðinn tíma t'_A. Tölugildi augnabliks tímans t_{AB} verður einhvers staðar á milli augnabliks tíma t_A og augnabliks tíma t'_A.

Sjá mynd 30.

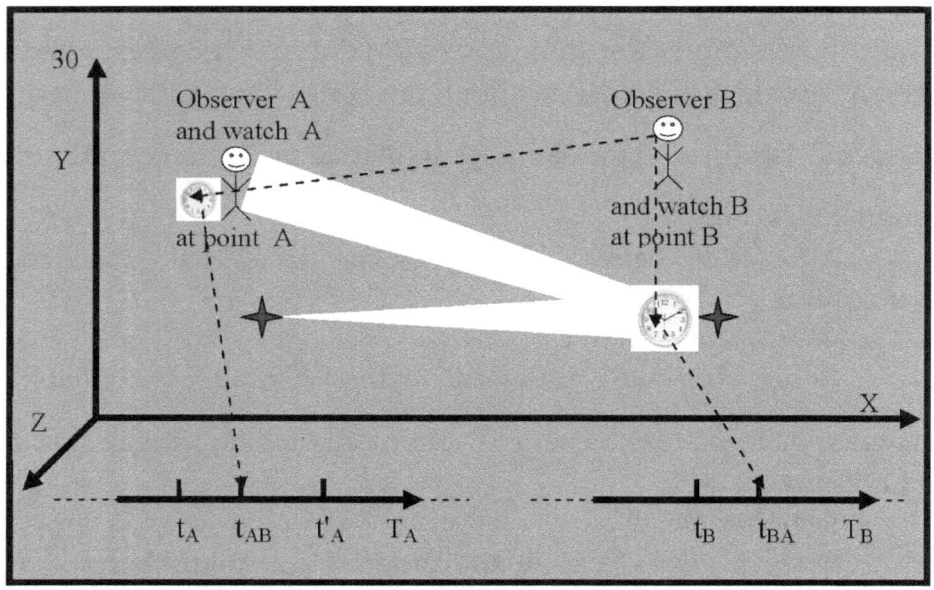

Mynd 30 sýnir það sem áhorfandi myndi sjá B. Á klukku A mun hann sjá augnablik í tíma t_{AB}, á klukku B mun hann sjá augnablik í tíma t_{BA}. Augnablikið í tímanum t_{AB} er öðruvísi en augnablikið í tímanum t_{BA}.

Við kláruðum seinni tilraunina sem við gerðum í myrkri. Í smáatriðum og ítarlega greindum við hreyfingu ljósgeislans og skildum hvernig tímapunktarnir eru taldir á klukkunum tveimur. Við munum draga saman niðurstöðurnar.

Sjá mynd 31.

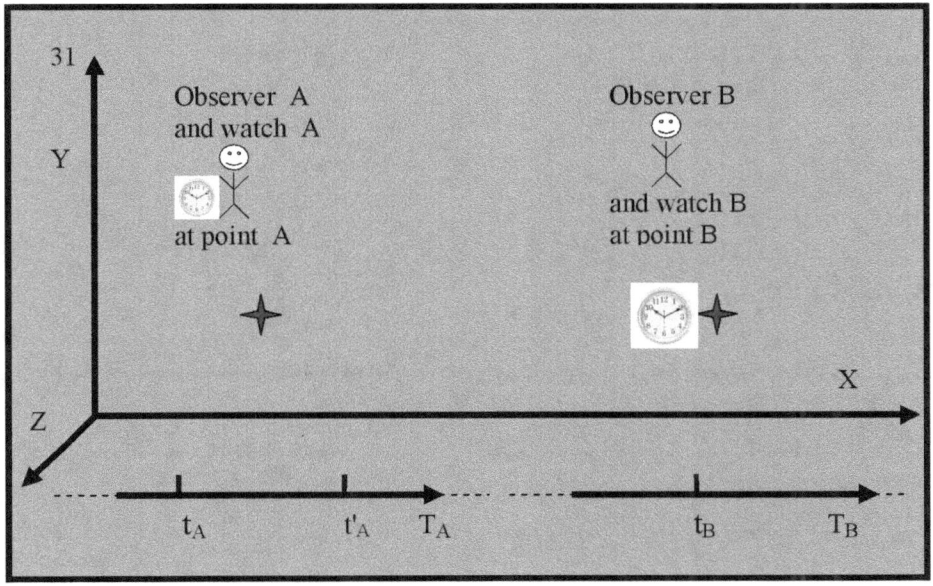

Á mynd 31 er sýnt hvaða augnablik af tíma áhorfandi sá A í gegnum úrið sitt og hvaða augnablik áhorfandi sá B í gegnum úrið sitt.

Áhorfandi B sá á úrinu sínu augnablik í tíma t_B þegar andlit úrsins var upplýst B.

Áhorfandi A sá á úrinu sínu augnablik af tíma t_A - útlit ljósgeislans, augnablik af tíma - t'_A endurkomu ljósgeislans og augnablik tímans t_B frá úri B.

Við munum sýna þessa staðreynd í næstu mynd og við munum greina "ljós".

Sjá mynd 32.

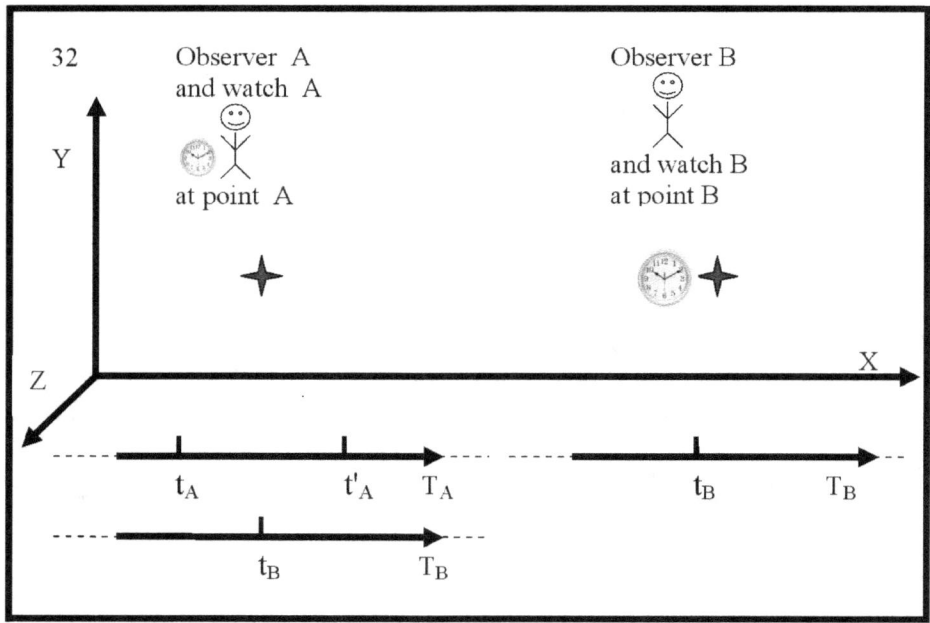

Á mynd 32 má sjá að fyrir neðan er áhorfandi B sýndur tímavigur með tíma augnabliki t_B sem áhorfandi sér B.

Fyrir neðan áhorfandann A eru sýndir tveir tímavigrar og þau tímastundir sem áhorfandinn hefur séð A. Annar vigur er áhorfandi B. Þannig er hægt að bera saman vektorana tvo og augnablikin á þeim.

Tímablik t_B sem er á vigri T_B er ekki hægt að setja á tímavigur t_A. Þetta er vegna þess að vigrarnir tveir eru frá tveimur mismunandi klukkum og eru óháðir. Þetta er mjög mikilvægt og ber að hafa í huga. Í eðlisfræðibókum sýna þeir einn tímavigur og á þeim vektor sýna þeir tíma margra mismunandi klukka. Það er mistök. Hver einstök klukka verður að hafa sinn tímavektor. Þannig eru tímagreiningarnar sannar og skýrar.

Þegar klukkur virka samstillt verða þær að sýna sömu augnablik tímans.

Sjá mynd 33.

FYRSTU MISTÖK EINSTEINS

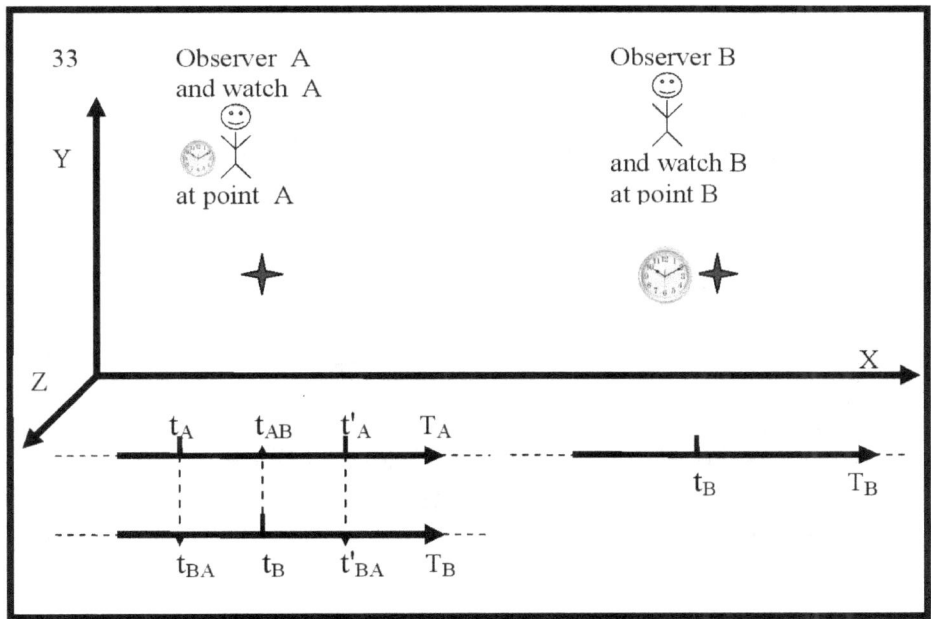

Mynd 33 sýnir að á milli tveggja tímavigra T_A og T_B strikaðar örvar eru settar inn. Örvarnar sýna sambandið milli mismunandi tímapunkta á klukkunum tveimur.

Þegar klukka A sýnir augnablik í tíma t_A, þá B sýnir klukka augnablik í tíma t_{BA}.

Sjáðu mynd 33.

Tölugildi augnabliks í tíma t_A verður að vera jafnt og tölugildi augnabliks í tíma t_{BA}. Þetta jafnrétti er **fyrsta nauðsynlega skilyrðið** til að sanna að klukkurnar séu samstilltar. Þetta þýðir að áhorfandi A hlýtur að hafa séð tilviljun þessara tveggja atburða. Tilviljun atburðarstundar í tíma t_A og atburðarstundar t_{BA}. Í greiningunni sem við gerðum sýndum við og sönnuðum að áhorfandi A getur ekki séð og getur ekki sannað tilviljun þessara tveggja atburða. Áhorfandi A getur ekki uppfyllt **fyrsta** nauðsynlega skilyrðið og getur ekki sannað að klukkurnar séu samstilltar.

Þegar klukka B sýnir augnablik í tíma t_B, þá A sýnir

klukka augnablik í tíma t_{AB}.
Sjáðu mynd 33.

Tölugildi augnabliks í tíma t_B verður að vera jafnt og tölugildi augnabliks í tíma t_{AB}. Þetta jafnrétti er **annað nauðsynlega skilyrðið** til að sanna að klukkurnar séu samstilltar. Þetta þýðir að áhorfandi B verður að sjá samsvörun atburðarstundarinnar t_B og atburðarstundarinnar t_{AB}. Í greiningunni sem við gerðum sýndum við og sönnuðum að áhorfandi B getur ekki séð og getur ekki sannað tilviljun þessara tveggja atburða. Áhorfandi B getur ekki uppfyllt **annað** nauðsynlega skilyrðið og getur ekki sannað að klukkurnar séu samstilltar.

Þegar úr A sýnir augnablik í tíma t'_A, þá B sýnir úr augnablik í tíma t'_{BA}.
Sjáðu mynd 33.

Tölugildi augnabliks í tíma t'_A verður að vera jafnt og tölugildi augnabliks í tíma t'_{BA}. Þetta jafnrétti er **þriðja nauðsynlega skilyrðið** til að sanna að klukkurnar séu samstilltar. Þetta þýðir að áhorfandi A hlýtur að hafa séð tilviljun þessara tveggja atburða. Tilviljun augnabliks t'_A atburðarins og stundarviðburðarins t'_{BA}. Í greiningunni sem við gerðum sýndum við og sönnuðum að áhorfandi A getur ekki séð og getur ekki sannað tilviljun þessara tveggja atburða. Áhorfandi A getur ekki uppfyllt **þriðja** nauðsynlega skilyrðið og getur ekki sannað að klukkurnar séu samstilltar.

Greining okkar sýndi að áhorfandi A og áhorfandi B geta ekki uppfyllt skilyrðin þrjú og geta ekki samstillt klukkur sínar.

Nú gætu sumir lesenda mótmælt því að við höfum kynnt þrjú ný skilyrði fyrir samstilltu virkni, en samkvæmt Albert

Einstein, til þess að samstilla klukkurnar, þarf aðeins eitt skilyrði að vera uppfyllt, þ.e.

$$t_B - t_A = t'_A - t_B$$

Já það er.
Samkvæmt aðferð Alberts Einsteins, ef jafnrétti er satt, þá t_B er, á miðju bilinu á milli t_A og t'_A, þess vegna eru klukkurnar samstilltar.

Nú í gegnum nokkrar tölur munum við sýna tvö mjög mikilvæg atriði:

Fyrst.

Við munum sýna að augnablikið t_B getur **verið** á miðju bilinu á milli t_A og t_B, og samt verða klukkurnar **ekki** samstilltar.

Í öðru lagi.

Við munum sýna fram á að augnablikið t_B er kannski **ekki** á miðju bilinu á milli t_A og samt t'_A **hafa** klukkurnar samstilltar.

Þegar við sjáum þetta tvennt munum við vita að aðferð Alberts Einsteins er röng.

Fyrst munum við sýna samstilltar klukkur.
Sjá mynd 34.

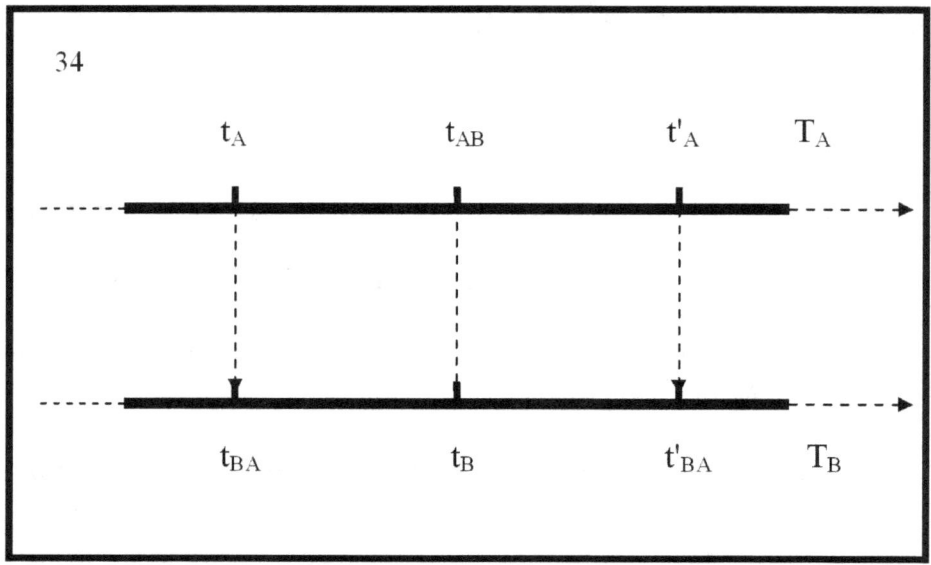

Á mynd 34 eru klukkutímavigurinn A a sem er T_A, og klukkutímavigurinn a B sem er T_B.

Tímamót klukku A og klukku B falla saman. Augnablik t_B, er jafnt augnabliki t_{AB}, og t_B er á miðju bilinu á milli t_A og t'_A. Öll skilyrði fyrir samstillingu klukkanna eru uppfyllt. Klukkurnar virka samstillt.

Á næstu mynd eru tímavigrar og tímastundir klukkanna tveggja aftur sýndar.

Sjá mynd 35.

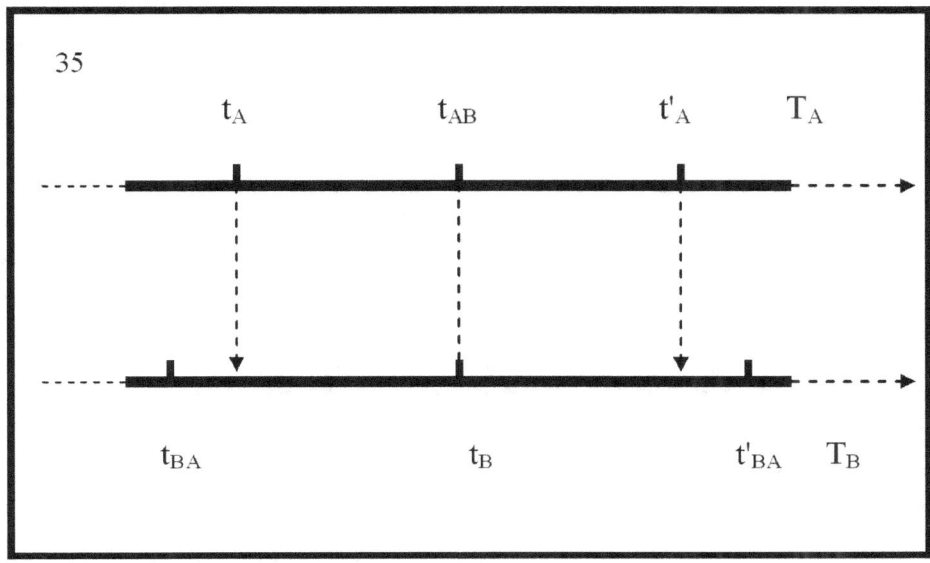

Á mynd 35 má sjá að augnablik tímans t_A fellur ekki saman við augnablik tímans t_{BA} og augnablik tímans t'_A fellur ekki saman við augnablik tímans t'_{BA}. Aðeins augnablikið t_B, fellur saman við augnablikið t_{AB}, og er mitt á bilinu á milli t_A og t'_A. Samkvæmt Albert Einstein, þegar hann t_B er í miðjunni, eru klukkurnar samstilltar. En við sjáum að þau eru ekki samstillt. Við gerð tilraun Einsteins er hægt að fá þessa niðurstöðu þar sem rannsakandinn getur ekki skilið að um villu sé að ræða.

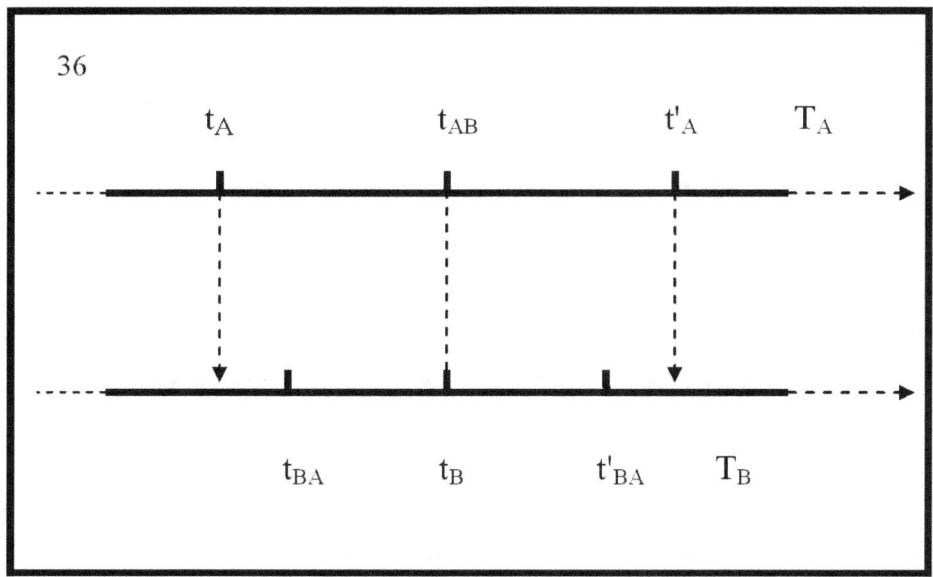

Á mynd 36 sjáum við að augnablikið t_A fellur ekki saman við augnablikið t_{BA} og augnablikið t'_A fellur ekki saman við augnablikið t'_{BA}. Augnablikið t_B fellur saman við augnablikið t_{AB} og er í miðju bilinu á milli t_A og t'_A, en klukkurnar eru ekki samstilltar.

Sjá mynd 37.

FYRSTU MISTÖK EINSTEINS

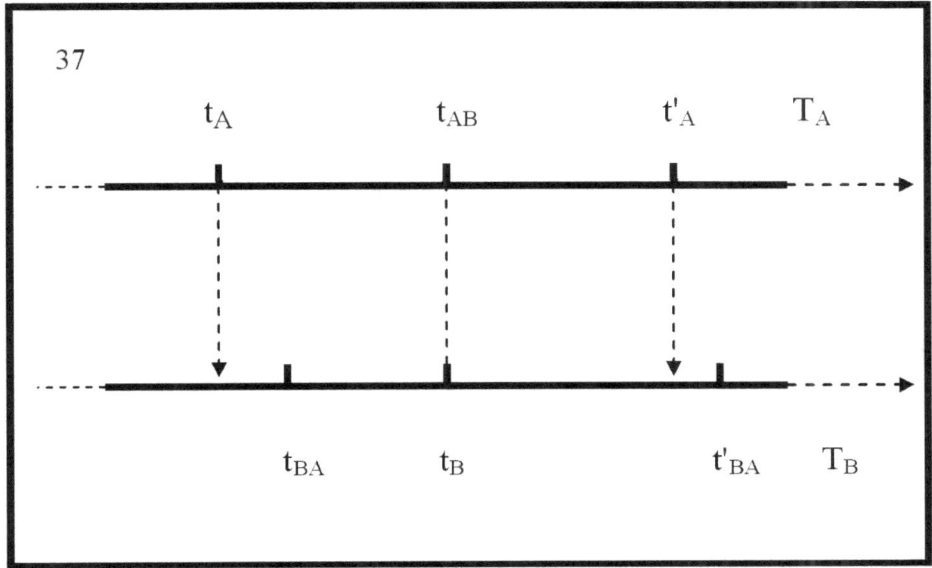

Á mynd 37 sjáum við að augnablikið t_A fellur ekki saman við augnablikið t_{BA} og augnablikið t'_A fellur ekki saman við augnablikið t'_{BA}. Augnablikið t_B fellur saman við augnablikið t_{AB} og er í miðju bilinu á milli t_A og t'_A, en klukkurnar eru ekki samstilltar.

Nú skulum við sjá mynd 38:

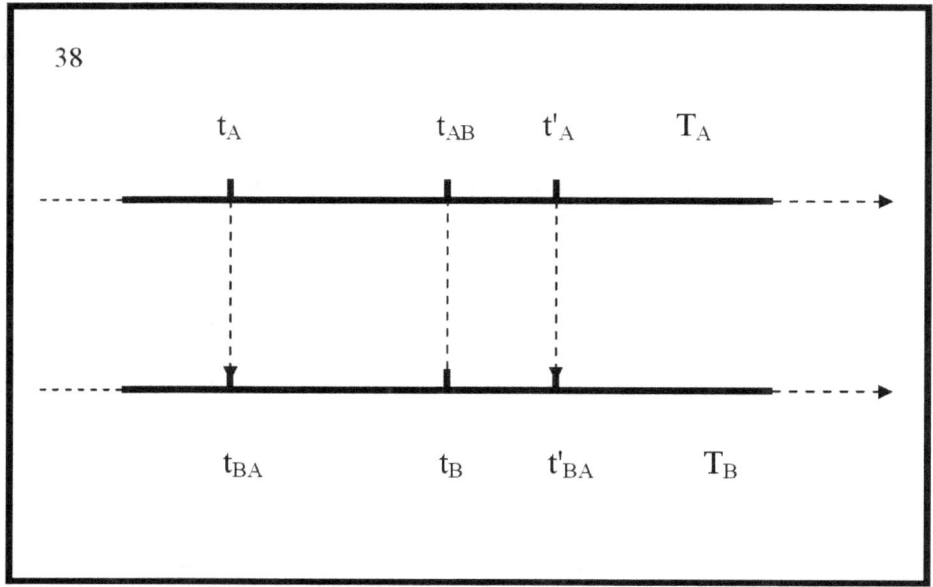

Mynd 38 sýnir að augnablikið t_A fellur saman við það augnablik t_{BA} sem fyrsta skilyrðið er uppfyllt, augnablikið t_B fellur saman við augnablikið t_{AB}, annað skilyrðið er uppfyllt, augnablikið t'_A fellur saman við augnablikið t'_{BA}, þriðja skilyrðið er uppfyllt.

Öll þrjú augnablik tíma á klukku A falla saman við þrjú augnablik á klukku B, sem þýðir að **klukkurnar eru samstilltar**. En við sjáum að augnablikið t_B, sem fellur saman við augnablikið t_{AB}, **er ekki** mitt á bilinu á milli t_A og t'_A. Samkvæmt Albert Einstein, ef augnablikið t_B, er ekki á miðju bilinu á milli t_A og t'_A, eru klukkurnar ekki samstilltar. Það vekur upp spurninguna, hver hefur rétt fyrir sér? Við eða Albert Einstein? Dæmdu sjálfur.

Sumir lesenda sem lesa það sem ég hef skrifað geta mótmælt því að þetta séu mjög ítarlegar greiningar, og óþarflega flókinn rökstuðningur.

Ég er ekki sammála slíkum andmælum.

Ég er ósammála því að við erum að greina meginreglur og undirstöðu afstæðiskenningarinnar.

Afstæðiskenningin, í útfylltri mynd, tekur til allra áhrifa sem tengjast líkamlegum tíma. Í afstæðiskenningunni er tími breytileg stærð. Hraði tímans er mismunandi og fer eftir þyngdaraflinu og hraðanum sem mismunandi líkamlegir líkamar hreyfast með hver öðrum.

Til dæmis, í afstæðiskenningunni, er svarthol fyrirbæri. Í svartholi er tímahraði núll og hver sekúnda verður óendanlega langt tímabil.

Þess vegna, þegar samstillingar eru klukkur sem munu mæla tíma í afstæðiskenningunni, verða samstillingaraðferðirnar að vera mjög nákvæmar. Allar aðgerðir sem gerðar eru og miða að samstillingu verður að greina vandlega. Óljós og ónákvæmni er ekki leyfð.

4. LAUSN Á VANDAMÁLINU

Ýmsar viðmiðanir eru mögulegar til að sanna samstillt starf að minnsta kosti tveggja klukka.

Það er mikilvægt að vita og alltaf muna að:

Fyrst:

Magn mögulegra viðmiða til að sanna samstilltar hreyfingar er óendanlega mikið.

Sjá „Tími. Rými. Samtök. Hvíldu. Afstæðishyggja. Absolute" LAP LAMBERT Academic Publishing (2018-08-30)

Annað:

Skilgreining á sérstökum viðmiðum er gerð af rannsakanda. Val á tiltekinni aðferð fer eftir vísinda- og rannsóknarverkefnum sem leysa skal. Val á leið (aðferð) er alltaf venja, sem er samkomulag milli að minnsta kosti tveggja rannsakenda.

Í þriðja lagi:

Samstillingarviðmiðið á við um hreyfistöðu að minnsta kosti tveggja hluta. Ekki er hægt að beita samstillingarviðmiðinu á hvíldarástandið.

Í fjórða lagi:

Viðmiðunin fyrir *samstillt starf* að minnsta kosti tveggja klukka er eitthvað annað en viðmiðunin fyrir *samtímis og nákvæma tímamælingu* með að minnsta kosti tveimur klukkum.

Við munum íhuga og greina klassíska viðmiðin til að athuga samstillta virkni að minnsta kosti tveggja klukka. Með hjálp talna munum við sýna hvernig hreyfingar eru samstilltar.

Sjá mynd 3 9.

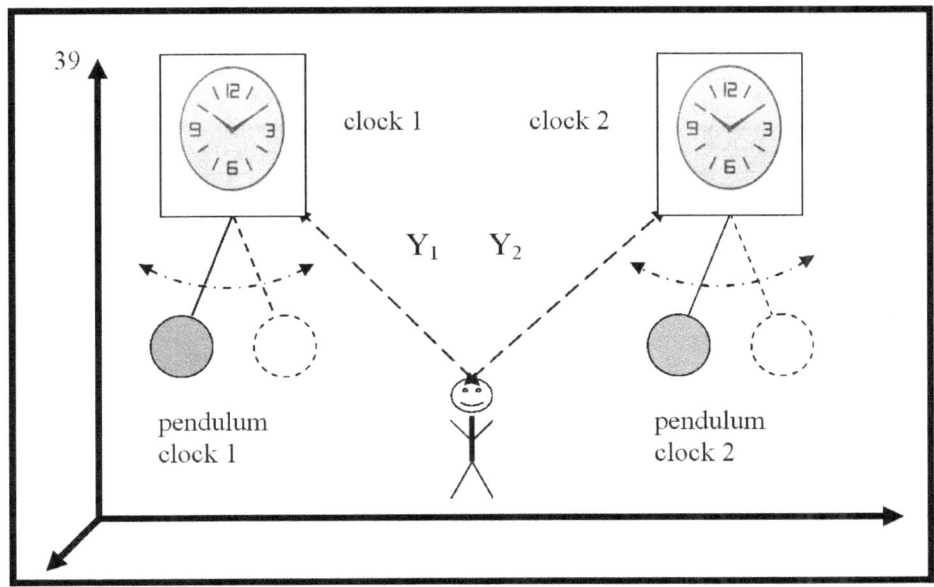

Á mynd 3 9 eru tvær vélrænar hringlaga klukkur sýnilegar. Vélrænar hringlaga klukkur eru þær sem hafa pendúl.

Sjá „Tími. Rými. Samtök. Hvíldu. Afstæðishyggja. Absolute" LAP LAMBERT Academic Publishing (2018-08-30)

sést sem er í jafnfjarlægð frá klukkunum. Fjarlægðin Y_1 er jöfn fjarlægðinni Y_2.

Áhorfandinn er staðsettur miðað við klukkurnar á nákvæmlega skilgreindan hátt. Hvernig áhorfandinn er staðsettur gerir áhorfandanum kleift að sjá klukkukólf eitt og klukkukólf tvö.

Clock Pendulum One og Clock Pendulum Two eru staðsettir yst til vinstri.

Strikaða línan sýnir stöðu lengst til hægri sem pendúllinn mun sveifla við klukku eitt og lengst til hægri sem pendúllinn mun sveifla við klukku tvö.

Í ystu hægri stöðu og í ystu vinstri stöðu eru klukkukólfur eitt og klukkupendúll tvö í kyrrstöðu.

Í almennu tilvikinu geta klukkurnar verið í ósamstillingu og þá hreyfast klukkukólfur eitt og klukkukólfur tvö miðað við áhorfandann á sviðsettan hátt.
Sjá mynd 40.

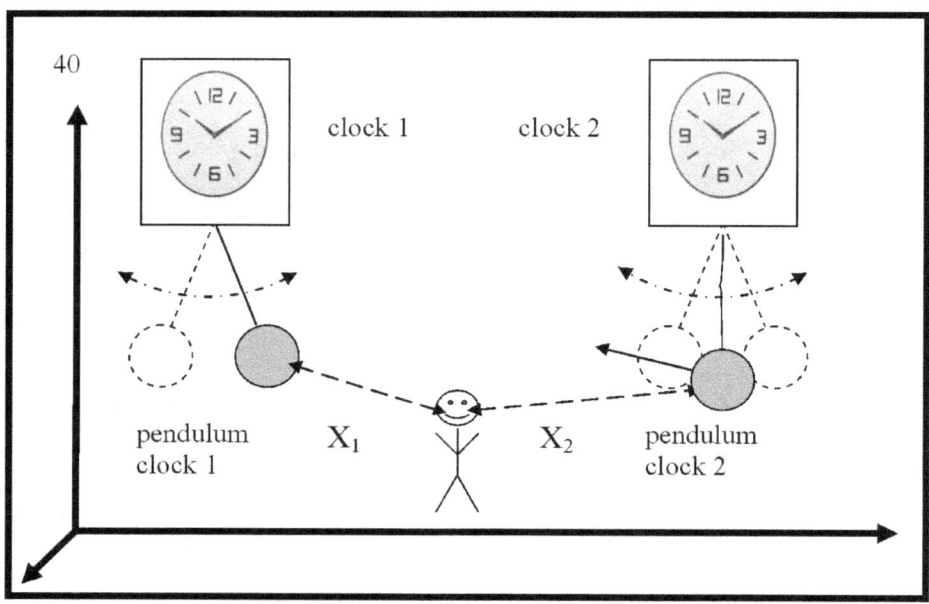

Mynd 40 sýnir að klukkukólfur eitt er í kyrrstöðu miðað við áhorfandann. En á myndinni er sýnt að pendúllinn á klukku tvö heldur áfram að hreyfast og nálgast áhorfandann. Fjarlægðin X_1 er minni en fjarlægðin X_2.

Í þessu tilviki verður áhorfandinn að grípa til nauðsynlegra aðgerða til að fá samsvörun atburðarins „hvíldarástand pendúls eitt" og atburðarins „hvíldarástand pendúls tvö". Þetta er hægt að gera á mismunandi vegu. Við munum ekki lýsa aðgerðunum sem þarf að framkvæma til að fá samsvarandi atburði. Við munum greina aðferð til að athuga samstillta virkni klukkanna tveggja.

Við munum skoða tilraunatilvik þar sem gert er ráð fyrir að klukkurnar séu samstilltar og þarf að sannreyna þær.
Sjá mynd 41

FYRSTU MISTÖK EINSTEINS

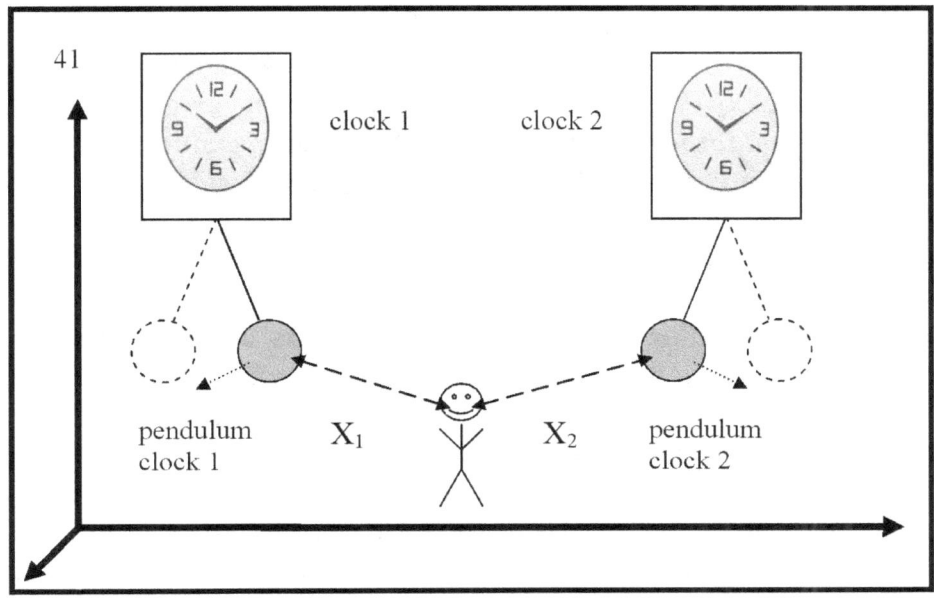

Mynd 41 sýnir klukkukólf eitt og klukkukólf tvö á hreyfingu í gagnstæðar áttir. Þegar kólfur klukku einnar færist til vinstri færist pendúllinn á klukku tvö til hægri. Áhorfandinn fylgist með hreyfingu pendúlanna tveggja klukkna Áhorfandinn verður að ákvarða að hreyfing pendúlanna tveggja sé samstillt. Áhorfandinn verður að velja viðmið fyrir samstillta hreyfingu á pendúl eitt og pendúl tvö. Þetta er gert á eftirfarandi hátt.

Áhorfandinn tekur eftir því að þegar klukkukólfur einn er næst áhorfandanum, þá er klukkupendúll einn í kyrrstöðu miðað við áhorfandann og byrjar síðan að hreyfast í gagnstæða átt.

Þegar klukkukólfur tvö er næst áhorfandanum er klukkukólfur tvö í kyrrstöðu miðað við athugandann og byrjar síðan að hreyfast í gagnstæða átt. Ástand herbergja í einu svefnherberginu og ástand herbergja í svefnherberginu tvö eru tvær ólíkar uppákomur. Áhorfandinn hefur tækifæri til að fylgjast með og sannreyna tilviljun þessara tveggja atburða.

Þegar tilviljun þessara tveggja atburða á sér stað sameinar áhorfandinn atburðina tvo í einn nýjan atburð sem kallast "tilviljun *hvíldarpendúlatburðar eitt* með *hvíldarpendúlatburði tvö* ". Atburðurinn „tilviljun atburðar í *hvíld pendúl eitt* með atburði í *hvíld pendúl tvö* " er nauðsynlegt skilyrði fyrir áhorfandann til að sanna að hreyfing pendúls eitt sé samstillt hreyfingu pendúls tvö. En það er ekki nóg. Fullnægjandi skilyrði er þegar atburðurinn „tilviljun *hvíldarpendúls eitt* og atburðar *hvíldarpendúls tvö* " á sér stað einu sinni enn. Þetta ætti að gera í næstu sveiflulotu með pendúli eitt og pendúl tvö.

Áhorfandinn veit að hreyfing kólfs klukku eitt og klukku tvö er ekki enn samstillt, þess vegna heldur áhorfandinn áfram að fylgjast vandlega með hreyfingu pendúls eitt og kólfs tvö. Athugandinn býst við því að í næstu lotu, hreyfingar pendúls eitt og pendúls tvö, muni í annað sinn, aftur, atburðurinn „tilviljun *hvíldarpendúls eitt* með *hvíldarpendúls tvö* " eiga sér stað.

hvíldarpendúls eitt með *hvíldarpendúli tvö* " einu sinni enn (í annað skiptið á sama hátt) þá getur athugandinn komist að þeirri niðurstöðu að hreyfing pendúls eitt, er samstillt hreyfingu pendúls tvö.

Það er mikilvægt að vita og muna að áhorfandinn getur fylgst með atburðinum „tilviljun *hvíldarpendúls eitt* með *hvíldarpendúls tvö* " ef og aðeins vegna þess (og þegar) hann er staðsettur í **jafnfjarlægð** frá klukkunum tveimur. Ef þetta skilyrði er ekki uppfyllt er ekki hægt að fylgjast með samsvöruninni.

Viðmiðin sem sýnd eru fyrir samstilltar hreyfingar eru grunnatriði. Töluvert flóknari viðmið eru möguleg. Valið er í höndum rannsakanda.

Við höfum lýst mjög ítarlega aðferð þar sem hægt er að ákvarða samstilltar hreyfingar og samstillta notkun tveggja klukka.

Í tilgreindum viðmiðum sem við notuðum er hugtakið tími hvergi notað. Þetta er gert alveg viljandi. Samstilltar hreyfingar (hreyfast um geiminn) þurfa ekki hugmyndina um líkamlegan tíma til að sanna eða afsanna.

Fyrirbærið tími þarf sannaða samstilltar hreyfingar. Þegar sýnt er fram á samstilltar hreyfingar er hægt að greina fyrirbærið líkamlegan tíma.

5. GREINING
02.02.2022.

Þessi umræða fór fram annan dag febrúar, tvö þúsund og tuttugu og tveir. Það er gaman.

Árið 1905 birti Einstein greinina „ Zur rafdynamik flutningsmaður Kö rper ", Annalen der Physik , 1905 17, 891-921. Í málsgrein tvö í greininni skilgreinir Einstein tvær meginreglur sérstakrar afstæðiskenningar, sem hér segir:

Fyrsta meginreglan.

Lögmálin þar sem ástand eðlisfræðilegra kerfa breytast er ekki háð því hvaða af kerfunum tveimur í samræmdri réttar hreyfingu miðað við hvort annað er vísað til þessara breytinga.

Önnur meginregla.

Sérhver ljósgeisli hreyfist í hvíldarhnitakerfi með ákveðnum hraða V , óháð því hvort þessi geisli kemur frá hvíld eða líkama á hreyfingu. Þar að auki $velocity = \frac{beam..path}{time..interval}$ **ber að skilja „tímabil" í skilningi skilgreiningarinnar í 1. mgr .**

Athugið: ($velocity = \frac{beam..path}{time..interval}$) = (hraði = geislaleið / tímabil)

En mér þykir leitt að taka fram að í 1. málsgrein gefur Einstein ekki skilgreiningu á " **tímabili** ". Jafnvel verra, í fyrsta málsgrein notar Einstein, ekki einu sinni, hugtakið " **tímabil** ". Og samt krafðist Einstein þess að **tímabil** ætti að vera skilið í skilningi

fyrstu málsgreinar.
Hvað þýðir setningin:

„... **skal skilja í skilningi skilgreiningarinnar í 1. mgr.**".

Þetta getur ekki verið skilgreining. Þessi leið til að gera greiningu er ekki rétt. Þetta leiðir til misskilnings og fjölda mistaka. Þetta þýðir að þegar mismunandi rannsakendur lesa málsgrein eitt munu þeir fá mismunandi hugmyndir um **tímabil** . Þegar þeir fá mismunandi hugmyndir munu þeir hugsa öðruvísi um **tímabilið** . Það er rétt, það á ekki að gerast. Fólk er mismunandi og skynjar upplýsingar um mottu á mismunandi hátt. Þetta er fullkomlega eðlilegt og mun alltaf vera það. Þetta er ástæðan fyrir því að hver og einn rannsakandi ætti að gefa eins skýrar, eins nákvæmar og eins stuttar skilgreiningar og mögulegt er.

Síðan les lesandinn skilgreininguna og í huga hans skapast skýr hugmynd um fyrirbærið sem er skilgreint . Þegar framsetning tveggja vísindamanna er skýr geta þessar tvær framsetningar verið eins. Þetta er tilgangurinn með hverri einustu skilgreiningu sem er búin til í vísindum.

Einstein náði ekki þessu markmiði. Ég hef á tilfinningunni að einhverra hluta vegna hafi hann ekki sett sér slíkt verkefni, og eins og hann hafi vísvitandi ekki boðið upp á skilgreiningu á hugtakinu „tímabil". Sumir lesendur kunna að halda því fram að þetta sé ekki svo mikilvægt og það skiptir ekki máli fyrir sérstaka afstæðiskenninguna. Ég mun svara svona: Ég er algjörlega ósammála. **Tímabilið** er grundvallaratriði og mikilvægt hugtak í sérstakri afstæðisfræði, kannski það mikilvægasta af þessum tveimur meginreglum. **Tímabilið** gegnir lykilhlutverki í sköpun stærðfræðibúnaðar sérstakrar afstæðiskenningarinnar. Stærðfræðilegar tjáningar eru grunnatriði og það er auðvelt að sjá að þegar afstæðiskenningin er búin til verður „ **tímabil** " að **líkamlegum tíma** , með Lorentz formúlunni. Einstein var fyrstur til að setja fram skilgreiningu á hugtakinu líkamlegur tími. Að mínu mati er þetta hans helsta framlag til vísinda. Líkamlegur tími er grundvallarhugtak (undirstöðu, mikilvægt) hugtak í sérstöku afstæðiskenningunni, í almennu afstæðiskenningunni og í eðlisfræðivísindum. Enginn annar fyrir Einstein hafði sett fram tilgátu um að fyrirbærið LÍKAMÁLUR TÍMA væri til.

Einstein setti þessa tilgátu fram árið 1910 í greininni „ Le principe de relativite ses impacts dans physique moderne ". Í þessari grein notaði Einstein tímabil og skapaði í gegnum þau tilgátuna um LÍKAMANN TÍMA.

Þess vegna , þegar hugtakið „tímabil" er skilgreint, verður skilgreiningin að vera fullkomlega skýr, fullkomlega nákvæm, fullkomlega nákvæm. Þegar skýrleiki, nákvæmni og nákvæmni eru ekki til staðar þýðir það að duldar tilgátur og ítarleg frumsannindi, eða hálfskilgreiningar , kunna að vera til staðar. Það er þegar stærstu mistökin og rangfærslurnar í vísindum birtast.

Í tilgreindri formúlu $t_B - t_A = t'_A - t_B$ er tímabilið skilgreint, aðeins og aðeins fyrir klukku A. Í tilteknni formúlu er ekkert tímabil klukkunnar B. Tímabilið fyrir klukku A, er notað á huldu formi og fyrir klukku B. Þetta er einmitt það sem kallast falin tilgáta. Í fyrri hluta greinarinnar reyni ég að sýna fram á hverjar eru afleiðingar þessarar huldu tilgátu. Samkvæmt Einstein eru klukkurnar samstilltar en af greiningunni sem við höfum gert er mjög ljóst að klukkurnar eru kannski ekki samstilltar. Þetta er klassískt dæmi um hvernig ein ónákvæmni leiðir til óvissu í allri tilgátunni. Þessi óákveðni breytist í rangstöðu og hefur alvarlegar afleiðingar fyrir sérstaka afstæðisfræði, almenna afstæðisfræði og eðlisfræðivísindi.

Margir mismunandi rannsakendur hafa greint sérstaka afstæðiskenninguna og sýnt persónulega afstöðu sína til tilgátu Einsteins. Einn hluti eru stuðningsmenn, annar hluti eru andstæðingar. Báðir eru sammála um að meginreglurnar tvær séu mikilvægastar og séu grundvöllur hinnar sérstöku afstæðiskenningar. En báðir gera mjög oft sömu mistökin, þeir vitna nefnilega ekki í alla aðra megingregluna. Þeir taka ekki eftir því að síðasta setning meginreglunnar er hluti af meginreglunni sjálfri og táknar **tímabil** . Ef þeir vitna í hann taka þeir ekki eftir því sem sagt var og greina það ekki .

Enn og aftur önnur meginreglan:

Sérhver ljósgeisli hreyfist í hvíldarhnitakerfi með ákveðnum hraða V, **óháð því hvort þessi geisli er gefinn frá hvíld eða líkama á hreyfingu. Þar að** auki $velocity = \dfrac{beam..path}{time..interval}$, sem "tímabil" ætti að skilja í skilningi skilgreiningar á 1. mgr .

Í síðustu setningu annarrar meginreglunnar (þeirri rauðu) notaði Einstein fyrst hugtakið „ **tímabil** " og hélt því strax fram að „ **tímabil** " væri skilgreint í 1. mgr. Ég hef lesið málsgrein eitt mjög vandlega og ítrekað. Mig langaði að finna skilgreiningu á "tímabili". Því miður fann ég ekki slíka skilgreiningu. Ef einhver lesandi nær árangri, vinsamlegast hringdu inn. Ég mun vera þakklátur.

Ég get ekki fallist á slíka skilgreiningu eins og lagt er til með þessum hætti. Hugtakið **tímabil o** þarf skilgreiningu sem er af reglu, með tilliti til afstæðiskenningarinnar. Í afstæðiskenningunni er " **tímabil** " einhver ákveðinn mældur, TÍMAMAGÐ, af LÍKAMANLEGA GÆÐUM TÍMA. Þar sem LÍKAMANLEGUR Gæðatími er afstæður. Fyrirbærið " **tímabil** " er til staðar í ÖLLUM EINUM ÓENDALEGA RAUNU. Það er til staðar algerlega samtímis og tengist heimspekiflokknum TIME , og hlutlæga fyrirbærinu TIME.

****

Tímabilið er aðeins skilgreint fyrir eina klukku og þetta bil verður að vera jafnt bili hinnar klukkunnar. Hér vaknar spurningin, hvað þýðir jafnræði tveggja tímabila. Það þarf alltaf að sanna tilviljun tveggja tímapunkta . Upphafstími fyrsta bilsins verður að passa við upphafstíma síðara bilsins og lokatími fyrsta bilsins verður að passa við lokatíma síðara bilsins. Þetta er kallað tilviljun atburða í tíma, sem er fullkomin hugmynd um Einstein. Þegar tilviljunin er sönnuð, þá er hægt að fullyrða að millibilin tvö séu jöfn. Þetta er dómurinn og í mannlegu höfði skapast hugmynd um jafnrétti með tveggja tíma millibili . Það verður alltaf að hafa í huga að hugmyndin um eitthvað er frábrugðin hlutnum sjálfum. Hugtakið tími er frábrugðið fyrirbærinu tíma. Ég segi þetta vegna þess að ég er staðfastlega sannfærður um að hugtakið um **fyrirbærið líkamlegan tíma** sé gjörólíkt hugtakinu um **fyrirbærið heimspekilegur tími** . Heimspekilegur **flokkur tíma** tilgreinir fyrirbæri raunveruleikans sem er í grundvallaratriðum frábrugðið líkamlegum tíma Einsteins. Nútímaþróun eðlisfræðinnar sýnir að ekki er tekið tillit til þessarar staðreyndar.

****

Mæling á **tíma** er gerð með „ **tímabili** " og er notað til að mæla fjarlægð. Þegar fjarlægð er mæld er notaður staðall. Hvert viðmið (fyrir fjarlægð) hefur tvo endapunkta. Tveir endapunktar afsláttarmiðans falla saman við tvo punkta af EINA ÓENDALEGA VERKUNNI.
Tilviljun punkta í geimnum er algjör. Tilviljun tveggja punkta á einni línu og tveggja punkta annarrar línu er alltaf algerlega samtímis. Það er **atburður sem gerist í tíma** . Tilviljun þessara punkta þarfnast ekki tilgátunnar um hlutfallslegan tíma. Þegar staðallinn er óhreyfður verður samsvörun punkta hér og nú að vera algerlega samtímis því að punktar falla saman þar og nú.
Hin sanna staðhæfing er:
Þá, **hér og nú** , höfum við tilviljun með, **þar og nú** .
Þar og nú er samkvæmt klukkunni, **hér og nú** . Þegar vegalengdirnar hafa tilhneigingu til að vera óendanlega stórar , eða óendanlega litlar, er erfitt verkefni að ákvarða **tímabil** . Og ef það er engin nákvæm skilgreining verður **tímabilið** að útópíu.

6 GREINING 22022022

Þessi greining var gerð þann tuttugasta og annan febrúar, tvö þúsund, tuttugu og tvö. Önnur skemmtileg tilviljun.

Í greiningu sinni notaði Einstein hugtökin tíma, rúm, tímabil, augnablik tíma, viðmið um samstillingu, klukku og tímamælingu. Einstein notaði hugtök með þá hugmynd að hugtök séu ákaflega skýr, skiljanleg og þurfi ekki skýringar. En þetta er ekki svo. Hugtökin sem taldar eru upp þjóna til þess að tákna ákveðin eðlisfræðileg fyrirbæri. Líkamleg **fyrirbæri** eru hlutlægt til. Hlutlægt tilvera þýðir að fyrirbæri eru óháð meðvitund (mannleg hugsun) og að þau séu utan mannlegrar meðvitundar og að þau séu ekki afurð mannlegrar meðvitundar. Líkamleg fyrirbæri hafa ákveðinn kjarna. Kjarni hvers tiltekins fyrirbæris er safn einstakra hluta. Hver hluti hefur ákveðna eiginleika. Hver eign er form hreyfingar eða hvíldarform.

Summa einstakra hluta tilheyrir heilum kjarna . Meðvitund endurspeglar fyrirbærið og kjarna þess. Hugsun er æðra form íhugunar (leitaðu á netinu að "Theory of Reflection" fræðimaðurinn Todor Pavlov). Hugsunarferlið nær yfir einhvern hluta af óendanlegu mengi mögulegra tengsla milli eiginleika hlutanna, kjarna fyrirbærisins. Þetta eru möguleg tengsl milli hreyfingar og hvíldarforma. Að hugsa, sem hærra form endurspeglunar, um tiltekið efni er eintölu, eintölu, sem þýðir að það er algert. Þetta þýðir að í EINUM ÓENDALEGA VERA VERUUNNI hugsa engar tvær einingar eins. Hver tiltekin eining er eintölu, alger og endurspeglar EINA ÓENDANLEGA RAUNU, á sinn eigin, huglæga einstaka hátt. Íhugunin leiðir til þess að hugmyndir um form og innihald **hugtaksins** birtast í huga viðfangsefnisins, sem fyrirbærið sem fyrir er er tilgreint með hlutlægum hætti. Viðfangsefni greina og miðla með áþreifanlegum hugtökum. Form steypuhugtaksins sem mismunandi námsgreinar nota er það sama (það er sama orðið), en innihald steypuhugtaksins sem mismunandi námsgreinar nota er mismunandi. Mannvísindi eru afleiðing þess að framkvæma sameiginlegar huglægar greiningar og móta sérstakar ályktanir með sérstökum hugtökum. Viðfangsefni lýsa því yfir að áþreifanlegar ályktanir og áþreifanleg hugtök séu huglægur sannleikur (tilgáta), og þetta er venja, samningur um huglægan sannleika, sem er tilgáta. Í tilgátunni eru sömu hugtök með mismunandi innihaldi til staðar. Tilvist hugtaka með mismunandi innihald þýðir að það eru til staðar axiomatic falinn tilgátur.

Eitt af mikilvægum verkefnum mannvísinda er að ákvarða og útrýma földum, óbeinum, frumlægum, huglægum sannindum.

Nútíma eðlisfræði er full af handahófskenndum tilgátum sem leynast í öllum mannvísindum. Þetta er verulegur galli sem hægt er að sigrast á með því að nota viðeigandi vísindalegar aðferðir. Þekkingarkenningin (epistemology) beinir okkur að heimspekivísindum, sem er aðferðafræði í tengslum við einkavísindin. Ég mun nota þessa staðreynd til að búa til viðeigandi skilgreiningarumhverfi. Skilgreiningsumhverfið er summa af skilgreiningum á mikilvægum eðlisfræðilegum hugtökum og reglum um hvernig skilgreiningarnar eru notaðar.

7. SKILGREINING UMHVERFI

Skilgreining eitt.
Heimspekiflokkurinn **TIME** þjónar til að tákna **fyrirbærið** TIME.

Skilgreining tvö.
Fyrirbærið TÍMA **er til** óháð **meðvitundinni**.

Skilgreining þrjú.
Fyrirbærið TÍMINN er **eiginleiki** hinnar EINA ÓENDALEGA RAUNU.

Skilgreining fjögur.
„Tímabil" er **TIME**.

Skilgreining fimm.
Tiltekið **magn af** TÍMA tilheyrir **einum gæðatíma**

Skilgreining sex.
Að skilgreina **gæði** TÍMA er venja.

Skilgreining sjö.
Sérhver atburður er **fyrirbæri** sem býr yfir **kjarna**

Skilgreiningarumhverfið er nauðsynlegt fyrir greiningu á fyrirbærinu TIME. Heimilt er að breyta skilgreiningarumhverfinu, eða allt annað, sem er ný samþykkt.
En það verður að vera til staðar í upphafi hverrar greiningar. Ef ekki er greiningin ómöguleg.

8. SKÝRINGAR Á SKILGREININGU UMHVERFI.

Til skilgreiningar einnar.
Heimspekiflokkurinn **TIME** þjónar til að tákna **fyrirbærið** TIME.

Skýring:
Í heimspekivísindum eru mikilvæg grundvallarhugtök sem kallast **flokkar** . Hugtakið TÍMI er heimspekilegur *flokkur* . Hugtakið **fyrirbæri** er heimspekilegur flokkur sem tilheyrir díalektísku rökfræðikerfinu. Díalektísk rökfræði er hluti af heimspekilegri þekkingu sem skilgreinir þróun algers anda (sjá Hegel "Fyrirbærafræði andans")

Að skilgreiningu tvö.
Fyrirbærið TÍMA **er til** óháð **meðvitundinni** .

Skýring:
Þegar og ef **meðvitund** hverfur mun TÍMINN halda áfram að **vera til** . Hugtökin **meðvitund** og **tilvist** eru heimspekilegir flokkar skilgreindir í Reflection Theory. Hugleiðingarkenningin er hluti af heimspekilegri þekkingu sem fjallar um rannsókn á ÍSKILUN sem **megineiginleika** hinnar EINA ÓENDALEGA RAUNU. Eign REFLECTION er orsök ÞRÓUNAR ALGERÐAR ANDA og EFNI. Í vísindaheimspeki er aðaleiginleiki hlutarins táknaður með **flokkareiginleikanum** . Þegar og ef **hluturinn** er sviptur eiginleikum, þá hættir **hluturinn að vera til.**
Heimspekiflokkurinn **er til, hann** tilheyrir Reflection Theory (Sjá

internetið, Academician Todor Pavlov "Theory of Reflection").
Vingi-tilveran er í RÍMI og í TÍMA.
Hugtökin rými, efni, alger andi eru flokkar heimspeki.
Flokkurinn EINSTAK óendanleg raunveruleiki þjónar til að tákna óendanlegan fjölda **hluta** og **viðfangsefna** (sjá " Tími . Rými . Hreyfing . Hvíld . Afstæði . Algjört " Lambert forlag 2018 ").
Hugtökin **hlutur** og **viðfangsefni** eru heimspekilegir flokkar sem eru greindir, skilgreindir og tilheyra Reflection Theory.
Flokkarnir **eitthvað** og **ekkert** tilheyra Díalektíkkerfinu.

Að skilgreiningu þrjú.
Fyrirbærið TÍMINN er **eiginleiki** hinnar EINA ÓENDALEGA RAUNU.

Skýring:
Eigindið heimspekiflokkur táknar óafturkallanlega eign. Sérhvert **fyrirbæri** hefur óafturkallanlegan eiginleika. Ég hef þegar sagt að þegar óafturkallanleg eign er tekin af **fyrirbærinu** hættir **fyrirbærið** að **vera til**. Þegar eiginleiki TÍMA er tekinn frá EINA ÓENDALEGA RAUNUVERÐINU hættir hin EINA ÓENDALEGA REYKJA að vera til.

Til skilgreiningar fjögur.
„Tímabil" er **TIME** .

Skýring:
„Tímabil" er mælt með TIME mælitæki. Mælitæki TIME mælir **tíma** . Mælitæki TIME er kallað klukka. **Magn mögulegra klukka**, í EINA ÓENDALEGA VERULEIKUNUM, er óendanlega mikið.

Til skilgreiningar fimm.
Tiltekið **magn af** TÍMA tilheyrir **einum gæðatíma**

Skýring:
Gerðin TIME er **eigindlega** skilgreind TIME.
Til dæmis, hlutfallslegur TÍMI er **gæðatími** , alger TÍMI er annar **gæðatími** , líkamlegur TÍMI Einsteins er **gæðatími** , rökréttur TÍMI er **gæði** . Fleira má skrá...

Til skilgreiningar sex.
Að skilgreina **gæði** TÍMA er venja.

Skýringar:
Árið 1898 birti Poincaré grein. (" Tími mæling .") «Revue de Metaphysique et de Morale» (1898, t. VI, bls. 1 -13).

Þetta er dásamleg greining á þeim vandamálum sem koma upp við að ákvarða leiðir til að mæla tíma. Í greiningarferlinu skoðar Poincaré ýmsar reglur sem hægt er að nota og dregur tvær mikilvægar ályktanir:

„Í þessari umræðu vil ég vekja athygli á tveimur atriðum.
1. Gildandi reglur eru nokkuð fjölbreyttar.
2. Erfitt er að aðgreina eigindlega vandamál samtímis frá megindlegu vandamáli tímamælinga".

Á fjarlæga árinu 1898 er það sem Poincaré sagði sannur spádómur um það sem er að gerast núna, árið 2022. Poincaré sýnir vandamálin sem koma upp þegar rannsakað er fyrirbærið TÍMA. Þetta eru vandamál sem stöðva þróun eðlisfræði og allra nútímavísinda.

Og þegar Poincaré skoðar tímabilið enn og aftur, segir hann:

„Við verðum að draga eftirfarandi ályktun. Við getum ekki beint með innsæi ákvarðað hvorki samtímis né jafnræði tveggja tímabila. Ef við trúum því að við höfum slíkt innsæi, erum við blekkt. Við skiptum því út fyrir einhverjar reglur sem við notum nánast alltaf án þess að gera okkur grein fyrir því."

Poincaré sagði þetta árið 1898! Þetta var átta árum fyrir 1905, þegar Einstein gaf út sína fyrstu grein um afstæðiskenninguna („ Zur). rafdynamik flutningsmaður K ö rper "). Í þessari grein byrjaði Einstein að hugsa um tímabil og reyndi að búa til skilgreiningu á tímabili. En Einstein tókst ekki. Mín persónulega skoðun er sú að Poincaré vissi miklu meira en Einstein. Poincaré var vel meðvitaður um vandamálin sem þurfti að leysa þegar fyrirbærið TIME var greind. Það var þessi þekking sem kom í veg fyrir að Poincaré skapaði afstæðiskenninguna eins og Einstein bjó til kenninguna. Einstein hafði innsæi skilning á fyrirbærinu TÍMA.

Og einmitt þess vegna, samkvæmt Poincaré, verður að skipta innsæi þekkingu á tíma út fyrir reglur um tímamælingu. Þegar tímamælingarreglur birtast, þá birtist TIME **gæðavenjan**. Reglur eru skilgreiningar, venja er skilgreiningarsvið. Skilgreiningarsvæðið skilgreinir gæða TÍMA. Reglurnar sem settar eru fram í samþykktinni verða að uppfylla ákveðin skilyrði.

Hér eru orð Poincaré:

„Hver er kjarninn í þessum reglum? Það er engin almenn regla. Það eru margar einkareglur sem notaðar eru í hverju tilviki. Þessar reglur eru ekki lagðar á okkur og við gætum fundið upp aðrar. En þeim er ekki hægt að breyta þegar þau torvelda mótun eðlisfræðilegra laga, lögmála aflfræði og stjörnufræði. Þess vegna veljum við þessar reglur ekki vegna þess að þær eru sannar, heldur vegna þess að þær eru þægilegastar og við getum dregið saman sem hér segir:

Samtímis tveggja atburða, eða röð þeirra í röð, verður að ákvarðast með því að tveir tímar séu jafnir, svo að mótun náttúrulögmálanna sé eins einföld og mögulegt er. Með öðrum orðum, allar þessar reglur, allar þessar skilgreiningar, eru aðeins ávöxtur ómeðvitaðra samninga .

Fyrir meira en hundrað árum síðan bjó Poincaré til forrit til að þróa tilgátur um fyrirbærið TÍMA í framtíðinni. Þetta forrit verður að nota núna. Ég er sammála greiningu Poincarés og deili hugmyndum hans um þróun vísinda sem rannsaka fyrirbærið TÍMA. Greiningar Poincaré innihalda gríðarlega heuristic hleðslu. Þetta eru leiðarhugmyndir sem við sem greinum TIME fyrirbærið verðum að fara eftir.

Til skilgreiningar sjö.
Sérhver atburður er **fyrirbæri** sem býr yfir **kjarna**.

Skýring:

Í greininni „ Zur rafdynamik flutningsmaður K ö rper ", skrifað árið 1905, kynnti Albert Einstein hugtakið „tilviljun atburða" og lagði til að það yrði notað til að skilgreina samtímis atburða. Hér er það sem það segir:

„Ef klukka er staðsett á punkti A í geimnum, þá getur áhorfandinn, sem staðsettur er á A , ákvarðað tíma atburða í næsta nágrenni við A með því að spyrja um samsvörun staðsetningar vísara klukkunnar sem eru samtímis með þessum atburðum."

Það er skilið af textanum að Einstein sé að reyna að **ákvarða tíma atburða** sem eru staðsettir nálægt klukku A með staðsetningu klukkuvísanna. Dómur Einsteins er nokkuð leiðandi, ekki skýr og þarfnast frekari greiningar.

Einstein talaði um fjölmarga atburði sem eiga sér stað í nágrenni klukku. Hver þessara atburða fellur saman við stöðu klukkunnar. Einstein tók ekki eftir því að í þessu tilviki táknar „staða handa klukkunnar" atburð sem gerist. En þá eru þetta tveir atburðir, af tveimur sjálfstæðum atburðum sem fara saman. Þetta gefur Einstein ástæðu til að kalla þá samtímis. Þá skilgreinir tilviljun að minnsta kosti tveggja atburða, þar af einn staðsetning vísara **einnar** klukku, að minnsta kosti eitt augnablik í tíma. Þetta er mjög góð hugmynd hjá Einstein, sem við munum nota allan tímann. Og svo **birtast atburðir** (fyrirbæri birtist), með **kjarna** sem er tilviljun. Atburðurinn „klukkustaða" hefur tölulegt gildi. Tölugildið birtist á klukkunni og er úthlutað við „stöðu klukkuvísana". Atburðirnir tveir, sem eru tvö **fyrirbæri** , hafa sama **kjarna** , sem er tilnefnd sem tilviljun.

Og þá hefur tilviljunin sama ákveðna tölugildi og kallast **tímastund** .

Það er venjulega táknað með T_n eða t_n , þar sem, $n = 0,1,2,3,....\infty$
Augnablik í tíma er alltaf annað hvort upphaf eða lok einhvers **tímabils** . Annaðhvort upphaf eða lok **steyputímabilsins er leyft** að vera óþekkt og þá er annaðhvort endirinn eða upphafið ekki tjáð af rannsakanda.

9. NIÐURSTAÐA

Það má segja að það sem ég hef skrifað sé ekki svo mikilvægt og Sérstök afstæðiskenning er rétt.
Ég ætla að rökstyðja mjög stuttlega:
Sérstök afstæðiskenning er kenning um líkamlegan tíma. Líkamlegur tími var skilgreindur af Einstein. Líkamlegur tími er afstæður. Aðferð Einsteins notar einfalda stærðfræðilega tjáningu:

$$t_B - t_A = t'_A - t_B$$

Með þessari tjáningu skilgreindi Einstein hugtakið „ *tímabil* ".
Í sérstakri afstæðisfræði verður „ *tímabil* " „ *líkamlegur tími* ". Þegar vafi leikur á að **tímabilið** sé rangt þýðir það að líkamlegur tími sé rangur og að sérstakt afstæði sé rangt.

www.ingramcontent.com/pod-product-compliance
Lightning Source LLC
Chambersburg PA
CBHW071146240526
45465CB00024BA/1793